Erhard Albrecht, Günter Asser u. a.

Streitbarer Materialismus und gegenwärtige Naturwissenschaft

ZUR KRITIK DER BÜRGERLICHEN IDEOLOGIE

33

HERAUSGEGEBEN VON MANFRED BUHR

unter Mitwirkung von

GUY BESSE (Paris) · ANDRÁS GEDŐ (Budapest)
M. T. JOWTSCHUK (Moskau) · TODOR PAWLOW (Sofia)
VLADIMIR RUML (Prag)
ROBERT STEIGERWALD (Frankfurt/Main)

ERHARD ALBRECHT / GÜNTER ASSER
WERNER EBELING / WOLFGANG FISCHER
KARL-HERMANN KÖHLER / HORST VÖLZ
HEINRICH VOGEL

Streitbarer Materialismus und gegenwärtige Naturwissenschaft

AKADEMIE-VERLAG
BERLIN
1974

„. . . bürgerliche oder sozialistische Ideologie. Ein Mittelding gibt es hier nicht (denn eine ‚dritte' Ideologie hat die Menschheit nicht geschaffen, wie es überhaupt . . . niemals eine außerhalb der Klassen und über den Klassen stehende Ideologie geben kann). Darum bedeutet *jede* Herabminderung der sozialistischen Ideologie, jedes *Abschwenken* von ihr zugleich eine Stärkung der bürgerlichen Ideologie."

Lenin

Vorbemerkung des Herausgebers

Der revolutionäre Charakter des Marxismus-Leninismus als einer Wissenschaft des Kampfes, *des Klassenkampfes*, impliziert die kontinuierlich geführte prinzipielle Auseinandersetzung mit allen Erscheinungsformen der bürgerlichen und revisionistischen Ideologie. So gesehen ist der *ideologische Klassenkampf* ein unabdingbarer Bestandteil der im *Kommunistischen Manifest* wissenschaftlich begründeten welthistorischen Mission des Proletariats. Der Kampf der Arbeiterklasse unter Führung ihrer marxistisch-leninistischen Partei verlangt dergestalt zur Durchführung der sozialistischen Revolution, zur Errichtung ihrer politischen Herrschaft, der Diktatur des Proletariats, und zur erfolgreichen Gestaltung der sozialistischen und kommunistischen Gesellschaft nicht nur die politische und ökonomische, sondern ebensosehr die konsequente ideologische und theoretische Entmachtung der Bourgeoisie.

Anliegen der Reihe *Zur Kritik der bürgerlichen Ideologie* ist es deshalb, die verschiedenen Erscheinungsformen der bürgerlichen und revisionistischen Ideologie der kritischen, das heißt der marxistisch-leninistischen Analyse zu unterziehen und in diesem Prozeß die prinzipiellen Positionen des Marxismus-Leninismus zu festigen. In sie wurde die kritische, die historischen Grenzen markierende Behandlung des humanistischen ideologischen Erbes der progressiven Bourgeoisie einbezogen, um die Tendenz seiner Verwirklichung, seiner Weiter- und Höherentwicklung im Prozeß der Gestaltung der sozialistischen Gesellschaft aufzuweisen und es gegen seine falschen Nachkommen, die Ideologen der imperialistischen Bourgeoisie, zu verteidigen.

Bei der Durchführung des Anliegens der Reihe sind sich

Autoren und Herausgeber der optimistischen Mahnung von *Marx* bewußt:

„Die Arbeiterklasse verlangt keine Wunder ... Sie hat keine fix und fertigen Utopien ... Sie weiß, daß, um ihre eigne Befreiung und mit ihr jene höhre Lebensform hervorzuarbeiten ... daß sie, die Arbeiterklasse, lange Kämpfe, eine ganze Reihe geschichtlicher Prozesse durchzumachen hat, durch welche die Menschen wie die Umstände gänzlich umgewandelt werden. Sie hat keine Ideale zu verwirklichen."

Und: „Im vollen Bewußtsein ihrer geschichtlichen Tendenz und mit dem Heldenentschluß, ihrer würdig zu handeln, kann die Arbeiterklasse sich begnügen, zu *lächeln* gegenüber den plumpen Schimpfereien der Lakaien von der Presse wie gegenüber der lehrhaften Protektion wohlmeinender Bourgeoisiedoktrinäre, die ihre unwissenden Gemeinplätze und Sektierermarotten im Orakelton wissenschaftlicher Unfehlbarkeit abpredigen."

Manfred Buhr

Inhalt

Erhard Albrecht/Karl-Hermann Köhler

Einleitung

In ihren grundlegenden philosophischen Schriften haben die Klassiker des Marxismus-Leninismus bei der Ausarbeitung der dialektisch-materialistischen Weltanschauung dem engen Zusammenhang von Philosophie und Naturwissenschaften besondere Aufmerksamkeit gewidmet. „Die wirkliche Einheit der Welt besteht in ihrer Materialität", schreibt F. Engels in seinem Werk „Herrn Eugen Dührings Umwälzung der Wissenschaft", „und diese ist bewiesen nicht durch ein paar Taschenspielerphrasen, sondern durch eine lange und langwierige Entwicklung der Philosophie und der Naturwissenschaft."[1]

Mit dieser Entwicklung der Philosophie und der Geschichte der Naturwissenschaften war Engels außerordentlich gut vertraut, wie seine Schriften „Herrn Eugen Dührings Umwälzung der Wissenschaft" („Anti-Dühring") und die „Dialektik der Natur" beweisen. Die Keimformen des Zusammenhanges von Dialektik und Naturwissenschaften fand Engels in der griechischen Philosophie. In den dialektischen Ideen griechischer Philosophen (Heraklit, Demokrit, Aristoteles) erblickte Engels eine geniale Antizipation einer künftigen Theorie der Dialektik. Auch Kants Leistungen auf dem Gebiet der Naturdialektik schätzte Engels hoch ein. Kant gelang es mit seiner berühmten Schrift „Allgemeine Naturgeschichte und Theorie des Himmels oder Versuch von der Verfassung und dem mechanischen Ursprunge des ganzen Weltgebäudes nach Newtonschen Grundsätzen abgehandelt" (1755), dialektische Prinzipien wissenschaftlich zu beweisen. In dieser Schrift stützte sich Kant in seinen Schlußfolgerungen auf die Entdeckungen von Copernicus, Galilei und Newton. Ohne die Entdeckungen dieser Naturforscher hätte er die für seine

Zeit tiefgründige naturwissenschaftliche Theorie des Himmels nicht schaffen und zum Vorläufer von Laplace werden können.

Die Entstehung des Weltalls versuchte Kant materialistisch zu erklären, indem er darauf hinwies, daß die Erscheinungen der Welt nur dann erklärt werden könnten, wenn man sich unmittelbar dem Studium der Natur zuwenden und die treibenden Kräfte der Entwicklung in der Selbstbewegung des Seins suchen würde. Die Kantsche dialektische Betrachtungsweise enthält in der Keimform bereits wesentliche, später von Engels in der Schrift „Herrn Eugen Dührings Umwälzung der Wissenschaft" formulierte Grundzüge der dialektischen Methode, nämlich den Gedanken, daß sich die Welt in einem Prozeß der ununterbrochenen Veränderung und Entwicklung befindet, und den Gedanken des Zusammenhangs aller Dinge und Erscheinungen in der Natur. Engels würdigte in der „Dialektik der Natur" die Kantsche Theorie des Himmels als eine Entdeckung, die der religiösen und metaphysischen Weltauffassung einen gewaltigen Schlag versetzte. Von der Naturwissenschaft und der Naturphilosophie des 16. und 17. Jahrhunderts sagte Engels, daß der höchste allgemeine Gedanke, zu dem sich dieselbe aufschwang, der der Zweckmäßigkeit der Naturerscheinungen, die flache Wolffsche Teleologie war. „Die erste Bresche in diese versteinerte Naturanschauung", schreibt Engels, „wurde geschossen nicht durch einen Naturforscher, sondern durch einen Philosophen. 1755 erschien *Kants* ‚Allgemeine Naturgeschichte und Theorie des Himmels'. Die Frage nach dem ersten Anstoß war beseitigt, die Erde und das ganze Sonnensystem erschienen als etwas im Verlauf der Zeit *Gewordenes*. . . . in Kants Entdeckung lag der Springpunkt alles ferneren Fortschritts."[2]

Für die Herausarbeitung der dialektisch-materialistischen Auffassung der Dialektik spielten neben der Hegelschen Dialektik auch die großen naturwissenschaftlichen Entdeckungen eine entscheidende Rolle. Im 19. Jahrhundert bildeten die wissenschaftlichen Entdeckungen auf dem Gebiete der Astronomie, der Geologie und besonders der Biologie, die anschaulich die Evolution der organischen und anorganischen Welt gezeigt hatten, die Grundlagen für die Erforschung der Dialektik der Natur.

Im 19. Jahrhundert wird die Entwicklungsidee in der Geologie angewandt, dann wird sie im Zusammenhang mit der Entdeckung des Gesetzes von der Erhaltung und Umwandlung der Energie verallgemeinert. Den vollkommensten Ausdruck findet im 19. Jahrhundert das Entwicklungsprinzip in der Darwinschen Lehre von der Evolution in der organischen Welt. „Dank diesen drei großen Entdeckungen und den übrigen gewaltigen Fortschritten der Naturwissenschaft sind wir jetzt so weit, den Zusammenhang zwischen den Vorgängen in der Natur nicht nur auf den einzelnen Gebieten, sondern auch den der einzelnen Gebiete unter sich im ganzen und großen nachweisen und so ein übersichtliches Bild des Naturzusammenhangs in annähernd systematischer Form, vermittelst der durch die empirische Naturwissenschaft selbst gelieferten Tatsachen darstellen zu können. Dies Gesamtbild zu liefern, war früher die Aufgabe der sogenannten Naturphilosophie. Sie konnte dies nur, indem sie die noch unbekannten wirklichen Zusammenhänge durch ideelle, phantastische ersetzte, die fehlenden Tatsachen durch Gedankenbilder ergänzte, die wirklichen Lücken in der bloßen Einbildung ausfüllte. Sie hat bei diesem Verfahren manche geniale Gedanken gehabt, manche spätern Entdeckungen vorausgeahnt, aber auch beträchtlichen Unsinn zutage gefördert, wie das nicht anders möglich war. Heute, wo man die Resultate der Naturforschung nur dialektisch, d. h. im Sinn ihres eignen Zusammenhangs aufzufassen braucht, um zu einem für unsere Zeit genügenden ‚System der Natur' zu kommen, wo der dialektische Charakter dieses Zusammenhangs sich sogar den metaphysisch geschulten Köpfen der Naturforscher gegen ihren Willen aufzwingt, heute ist die Naturphilosophie endgültig beseitigt. Jeder Versuch ihrer Wiederbelebung wäre nicht nur überflüssig, *er wäre ein Rückschritt*."[3]

Diese prinzipielle Auseinandersetzung mit der Naturphilosophie (Schelling u. a.) ist für uns auch heute von aktueller Bedeutung, insbesondere im Zusammenhang mit „modernen" naturphilosophischen Bestrebungen (Neothomismus, Teilhard de Chardin, H. Driesch, H. Dingler, F. Dessauer). Die Naturphilosophie der bürgerlichen Gegenwartsphilosophen ist Spekulation, das heißt, sie ist der Naturerkenntnis entgegengesetzt.

Wie die Zusammenarbeit mit den Naturwissenschaftlern konkret aussehen muß, können wir von Engels lernen, der sich kontinuierlich mit den neuesten naturwissenschaftlichen Forschungsergebnissen beschäftigte und auf der Grundlage des philosophischen Materialismus eng mit dem berühmten Chemiker Carl Schorlemmer zusammenarbeitete. Gerade dieses enge Bündnis mit den Naturwissenschaftlern forderte Lenin in seinem programmatischen Artikel „Über die Bedeutung des streitbaren Materialismus" im Jahre 1922. Er stellte hierin fest, daß ohne solide philosophische Grundlage keine wie immer geartete Naturwissenschaft, kein wie immer gearteter Materialismus den Kampf gegen den Druck der bürgerlichen Ideen und gegen die Wiederherstellung der bürgerlichen Weltanschauung zu bestehen imstande ist. „Um diesen Kampf bestehen und mit vollem Erfolg zu Ende führen zu können, muß der Naturforscher moderner Materialist, bewußter Anhänger des von Marx vertretenen Materialismus sein, das heißt, er muß dialektischer Materialist sein."[4]

Ohne Dialektik sind heute die komplizierten Fragen, die sich in erkenntnistheoretischer, logischer und methodologischer Hinsicht in der Mathematik, Physik, Chemie und Biologie deutlich zeigen, nicht zu klären. Wir brauchen nur auf den zunehmenden Prozeß der Mathematisierung aufmerksam zu machen. Lenin hat in seinen philosophischen Arbeiten, insbesondere in seinem Werk „Materialismus und Empiriokritizismus" sowie in den „Philosophischen Heften", die von Marx und Engels begründete Auffassung, daß die Widerspiegelung der Wirklichkeit mit der Entwicklung der realen Beziehungen der erkennenden Subjekte zu ihrer Umwelt entsteht, schöpferisch weiterentwickelt. Dabei wurde der Prozeß der Mathematisierung, der um die Jahrhundertwende zunächst nur die Physik und Logik erfaßte, in seiner weltanschaulichen und methodologischen Relevanz bereits von Lenin erschöpfend analysiert. Nach Lenin ist die Voraussetzung für die Anwendbarkeit von Messungen und mathematischen Berechnungen im einzelwissenschaftlichen Bereich die Orientierung der betreffenden Wissenschaft an der objektiven Realität. Der Prozeß der Mathematisierung der Naturwissenschaften selbst wird von ihm als eine gesetzmäßige und notwendige Erscheinung in der Entwicklung der Wissenschaften angesehen. Allerdings erfordert dieser Prozeß eine ständige Auseinandersetzung mit Versuchen bürgerlicher Philosophen und unter dem Einfluß bürgerlicher Erkenntnistheorien stehender Naturwissenschaftler und Mathematiker, den Prozeß der Mathematisierung idealistisch zu interpretieren.

Daß das Anwendungsgebiet der mathematischen Methode prinzipiell unbegrenzt ist, daß alle Arten der Bewegung der Materie davon erfaßt werden und werden müssen, hat die Entwicklung glänzend bestätigt.[5] Hinzu kommt das interessante Phänomen, daß die Geschichte der Physik nicht wenige Beispiele kennt, die deutlich demonstrieren, daß mathematische Entdeckungen gemacht wurden, die erst eine spätere experimentelle Bestätigung erfuhren. Diese Erscheinung bedarf einer philosophischen Erklärung und zwar dies um so mehr, als diese Tatsache schon seit langer Zeit Gegenstand idealistischer Spekulationen darstellt.[6]

Einen wesentlichen Beitrag zur Konkretisierung der Naturdialektik hat die moderne Physik geleistet. Er sei hier nur auf die mit der Theorie der Elementarteilchen verbundenen Probleme hingewiesen. In dieser Theorie geht es vor allem um die gegenseitige Bedingtheit und die gegenseitige Verwandelbarkeit der Elementarteilchen, um die Formen der kausalen Struktur in der Mikrowelt, um die Beziehungen von Raum, Zeit und sich bewegender Materie, um die Kontinuität und Diskontinuität in der Mikrowelt, um die Natur der Quantenstatistik, um die Beziehungen zwischen dynamischer und statistischer Gesetzmäßigkeit, um den Unterschied von Feld und Stoff als Strukturformen der Materie und um das Verhältnis von Objektivem und Subjektivem in der Erforschung der Mikrowelt. Die Auseinandersetzung mit der subjektiv-idealistischen Verzerrung dieser Fragen durch den Neopositivismus macht ein tiefes Eindringen in die marxistisch-leninistische Philosophie erforderlich, eine ständige Beachtung der Mahnung von Engels: „Die Naturforscher mögen sich stellen, wie sie wollen, sie werden von der Philosophie beherrscht. Es fragt sich nur, ob sie von einer schlechten Modephilosophie beherrscht werden wollen oder von einer Form des theoretischen Denkens, die auf der Bekanntschaft mit der Geschichte des Denkens und mit deren Errungenschaften beruht.“[7]

Auch die moderne Biologie liefert ständig eindrucksvolle Ergebnisse, die nur auf der Grundlage des dialektischen Materialismus exakt erklärt werden können, immer wieder die Universalität der materialistischen Dialektik beweisen und zugleich ausgezeichnete Bestätigungen der in den Werken der Klassiker entwickelten Ausführungen über die dialektisch-materialistische Weltanschauung darstellen. Zweifellos haben sich seit dem Erscheinen der Werke „Dialektik der Natur" und „Anti-Dühring" die Schwerpunkte der biologischen Forschung wesentlich verschoben, die experimentellen Richtungen sind erheblich weiterentwickelt worden, und in der Molekularbiologie begegnen wir heute einer qualitativ neuen Fachdisziplin. Schon um die Jahrhundertwende nahmen durch die ständig breitere Anwendung von Methoden der Physik und Chemie auf dem Gebieten der Biologie und der Medizin, woran zum Beispiel solche hervorragenden Gelehrten und streitbaren Materialisten wie Timirjasew mit seinen Arbeiten über die Photosynthese und Pawlow in starkem Maße Anteil hatten, unsere Kenntnisse über die Lebensprozesse erheblich zu. Mit der Enzymologie entwickelte sich sogar eine spezifisch-biochemische Methodik. Es blieb aber nur zu einem gewissen Anteil den Biologen vorbehalten, die aus verschiedenen Quellen abgeleitete Molekularbiologie zu entwickeln. Vor allem beteiligten sich Wissenschaftler, die eine Ausbildung als Chemiker, Physiker, Kristallograph usw. hatten (z. B. Delbrück, Pauling, Watson, Crick, Wilkins, Ochoa u. a.) an der Klärung der zahlreichen Probleme, die Zusammenhänge zwischen Struktur und Funktion bei der Photosynthese und bei den Atmungsprozessen in den Mitrochondrien betreffen, die bei der Eiweißbiosynthese, der biologischen Informationsübertragung und den Regulationsvorgängen in der Zelle und im Organismus bestehen.

Schon die bisher erhaltenen Befunde bestätigen glänzend die Prognose von Engels, daß in der künftigen Wissenschaftsentwicklung entscheidende Impulse von denjenigen Disziplinen ausgehen, die sich an Übergängen von einer Bewegungsform zu einer anderen ausbilden. Wenn man nur davon ausgeht, daß die Eiweißbiosynthese in allen Organismen nach einem einheitlichen Mechanismus vor sich geht und daß die Prinzipien des Energiestoffwechsels (zum Beispiel Energiespeicherung im ATP usw.) in allen Zellen übereinstimmen, so wird damit ein Beweis für die Einheitlichkeit des Primärstoffwechsels und zugleich für eine einheitliche Entstehung des Lebens geliefert, ungeachtet der in der Entwicklung auftretenden Formen, Mannigfaltigkeit und der vielfältigen Verzweigung des Stoffwechsels. Die Befunde der Molekularbiologie haben dabei auch eine methodologisch-heuristische Funktion, indem sie außerordentlich fruchtbar auf die Entwicklung vieler anderer Disziplinen ausstrahlen, wie zum Beispiel die der Bionik. Allein diese kurz umrissenen Fakten bestätigen – wenn man vor allem den damaligen Stand der Naturwissenschaften und insbesondere der Biologie und Eiweißchemie berücksichtigt – die prognostische Aussage von Engels: „Die Physiologie ist allerdings die Physik und besonders die Chemie des lebenden Körpers, aber damit hört sie auch auf, speziell Chemie zu sein, beschränkt einerseits ihren Umkreis, aber erhebt sich auch darin zu einer höheren Potenz."[8]

Die ständige Beschleunigung des wissenschaftlichen Fortschritts, die zunehmende Differenzierung und Integration des Wissens sowie die wachsende Bedeutung der verschiedenen Wissensgebiete bei der Gestaltung der entwickelten sozialistischen Gesellschaft werfen verstärkt Probleme auf, bei deren Lösung die Geschichte und Methodologie der Naturwissenschaften, wie die Entwicklung in der Sowjetunion vor allem beweist, von erstrangiger Bedeutung sind. Ihre Ergebnisse helfen dem Naturwissenschaftler wesentlich bei der weltanschaulichen und methodologischen Orientierung auf den wissenschaftlichen Fortschritt und tragen zur effektiveren Nutzung der gegenüber der kapitalistischen Gesellschaftsordnung vorhandenen Vorzüge der sozialistischen Gesellschaftsordnung bei.

Auffassungen, die den wissenschaftlich-technischen Fortschritt von der sozialökonomischen, das heißt, klassenmäßigen Grundlage trennen, sind wissenschaftlich unhaltbar und politisch desorientierend, weil sie Ausdruck konvergenztheoretischen Denkens sind. In enger Zusammenarbeit von marxistisch-leninistischen Philosophen und Naturwissenschaftlern werden die hier skizzierten Probleme im Detail behandelt und dabei nachgewiesen, welch untrennbarer Zusammenhang zwischen dialektisch-materialistischer Weltanschauung sowie der Methodologie des dialektischen Materialismus und den modernen Naturwissenschaften besteht. Die Naturwissenschaften mit ihren speziellen Methodologien bedürfen einer allgemeinen Methodologie. Die Funktion der allgemeinen Methodologie übt die materialistische Dialektik aus, die Prognosen über die gesellschaftliche Entwicklung und damit auch über die Entwicklung der Naturwissenschaften im allgemeinen ermöglicht. Die logisch-methodologischen Operationen bilden die Grundlage für eine philosophische Durchdringung der Erkenntnisse der modernen Natur- und Gesellschaftswissenschaften und für die weitere Fundierung der dialektisch-materialistischen Weltanschauung. Während Logik und dialektische Methode den Naturwissenschaftler befähigen, die Quelle des Wissens zu erfassen, trägt die dialektisch-materialistische Weltanschauung (Theorie des Materialismus) zum Verständnis und zur Orientierung (Handeln) des Menschen in Natur und Gesellschaft bei. Sie stellt damit auch direkt humanistische Forderungen an den Naturwissenschaftler.

In konkreter Forschungsarbeit sind auf wissenschaftsmethodologischem Gebiet vor allem folgende Probleme zu lösen:

1. Untersuchung der objektiven Funktions- und Entwicklungsgesetze der Naturwissenschaften.

2. Analyse der Struktur der Naturwissenschaften, deren Bestandteile und Verbindungen zwischen den verschiedenen Elementen und den daraus folgenden Fragen: Was ist eine wissenschaftliche Theorie? Welche Bestandteile weist sie auf? Wie entstand die naturwissenschaftliche Theorie? Welche Entwicklung hat sie durchgemacht? Wie vollzog sich der Wechsel der Theorien, und in welchem Verhältnis stehen diese zueinander?

Die historisch-logische Analyse bildet dabei das wichtigste Mittel zur Lösung der methodologischen Probleme. Untersuchung der Beziehungen zwischen Theorie und Methode sind erforderlich, daß heißt, zwischen der inhaltlichen Seite der Wissenschaft und ihrem formalen Apparat. Auch geht es um die Reproduktion der Geschichte der Erkenntnis der naturwissenschaftlichen Begriffe, der Beziehungen zwischen Historischem und Logischem in der Entwicklung der naturwissenschaftlichen Methoden, der Aufdeckung und Analyse der im Erkenntnisprozeß auftretenden Widersprüche zwischen Objekt und Subjekt, der Widersprüche zwischen den Fakten der Theorie, zwischen dem Experiment und der Verallgemeinerung. Einen wesentlichen Beitrag zur Lösung dieser Aufgaben, insbesondere der Klärung des syntaktischen und semantischen Aufbaus naturwissenschaftlicher Theorien, liefert die auf der Grundlage des dialektischen und historischen Materialismus beruhende Geschichte der Erkenntnis, die es uns ermöglicht, durch Analyse die Verallgemeinerungsprozesse der Begriffe der Naturwissenschaften und der Mathematik sowie ihrer Theorien zu erfassen. Wir tragen damit auch der Forderung von Engels Rechnung, daß die Wissenschaft vom Denken eine historische Wissenschaft ist. „Das theoretische Denken ist aber nur der Anlage nach eine angeborne Eigenschaft. Diese Anlage muß entwickelt, ausgebildet werden, und für diese Ausbildung gibt es bis jetzt kein andres Mittel als das Studium der bisherigen Philosophie.

Das theoretische Denken einer jeden Epoche, also auch das der unsrigen, ist ein historisches Produkt, das zu verschiednen Zeiten sehr verschiedne Form und damit sehr verschiednen Inhalt annimmt. Die Wissenschaft vom Denken ist also, wie jede andre, eine historische Wissenschaft, die Wissenschaft von der geschichtlichen Entwicklung des menschlichen Denkens. Und dies ist auch für die praktische Anwendung des Denkens auf empirische Gebiete von Wichtigkeit."[9]

Anmerkungen

1 Marx/Engels, Werke, Bd. 20, Berlin 1962, S. 41 (nachfolgend abgekürzt: MEW)
2 Ebenda, S. 316
3 MEW, Bd. 21, Berlin 1962, S. 295
4 W. I. Lenin, Werke, Bd. 33, Berlin 1962, S. 219
5 Vgl. A. N. Kolmogorov, Große Sowjet-Enzyklopädie, Bd. 26, S. 464, russ.
6 Vgl. A. Nysankaev u. G. Šljachin, Die Rolle und Funktion der Mathematik in der Erkenntnis, in: Filosofskie nauki, 3/1971, S. 45, russ.
7 MEW, Bd. 20, S. 480
8 Ebenda, S. 520
9 Ebenda, S. 330

Erhard Albrecht

Weltanschauliche und erkenntnistheoretische Voraussetzungen moderner naturwissenschaftlicher Denkweise

Das Verhalten eines Wissenschaftlers in der sozialistischen Deutschen Demokratischen Republik wird durch das immer tiefere Verständnis für den unmittelbaren Zusammenhang von Wissenschaft und Politik und durch die aktive Teilnahme an der Gestaltung der entwickelten sozialistischen Gesellschaft an der Seite und unter Führung der Arbeiterklasse und ihrer marxistisch-leninistischen Partei bestimmt.

Der Sozialismus bestimmt den Weg und das Ziel unseres Lebensinhalts. Er setzt die Maßstäbe über Wert und Ziel unseres Tuns. Immer stärker wird die Verantwortung gerade auch des Naturwissenschaftlers und Mediziners in der Auseinandersetzung zwischen Sozialismus und Imperialismus wahrgenommen. Auf der 4. Tagung des ZK der SED hat Kurt Hager besonders hervorgehoben, daß die weitere Entwicklung unserer sozialistischen Wissenschaft, Bildung und Kultur auch in der Klassenauseinandersetzung mit dem Imperialismus an Bedeutung gewinnt. In der aktiven Teilnahme an dieser Klassenauseinandersetzung und durch den vollen Einsatz seiner schöpferischen Fähigkeiten und Talente bei der Gestaltung der entwickelten sozialistischen Gesellschaft verspürt der Wissenschaftler immer mehr die tiefe optimistische Lebensauffassung unserer sozialistischen Gesellschaft. Diese Lebensauffassung, die der Marxismus-Leninismus ausstrahlt, verleiht dem Wissenschaftler gewaltige Impulse, beflügelt sein Denken und ermöglicht es ihm, vorhandene Schwierigkeiten im Erkenntnisprozeß immer wieder zu überwinden. Eine Ideologie wie die marxistisch-leninistische, die Wahrheit und Parteilichkeit in sich vereinigt, führt mit logischer Konsequenz zur Parteinahme für die Sache des Fortschritts.

Naturwissenschaftler und Mediziner stellen häufig die Frage nach der Bedeutung der marxistisch-leninistischen Parteilichkeit für Naturwissenschaften und Medizin. Lenin hat hierauf eine eindeutige Antwort bereits im Jahre 1908 in seiner Arbeit „Marxismus und Revisionismus" gegeben, wenn er schreibt: „Ein bekannter Ausspruch lautet: Würden geometrische Axiome an menschliche Interessen rühren, so würde man sicherlich versuchen, sie zu widerlegen. Naturgeschichtliche Theorien, die an alte theologische Vorurteile rührten, wurden und werden bis zum heutigen Tage aufs schärfste bekämpft".[1] In Lenins Arbeit „Noch eine Vernichtung des Sozialismus" aus dem Jahre 1914 finden sich folgende bemerkenswerte Sätze von höchster Aktualität: „Nicht umsonst wird schon seit langem gesagt, daß auch die Wahrheiten der Mathematik heiß umstritten würden, wenn sie die Interessen der Menschen (richtiger: die Interessen der Klassen in ihrem Kampf) berührten."[2] Daß es heute Wahrheiten der Mathematik gibt, die in der weltanschaulichen und damit klassenmäßigen Auseinandersetzung eine bedeutsame Rolle spielen, beweist uns die Auseinandersetzung zwischen Materialismus und Idealismus in den Fragen der Interpretation des weltanschaulichen und erkenntnistheoretischen Gehalts der mathematischen Logik und Kybernetik. Dabei nimmt die Auseinandersetzung um die Begriffe wie Kausalität, Gesetzmäßigkeit, Determinismus, Raum und Zeit, Zufall und Notwendigkeit, Information und Widerspiegelung, Hypothese, Theorie und Praxis, Modell, Struktur und Funktion, Zeichen und Bedeutung, Wahrheit und semantische Stufen einen zentralen Platz ein. In dieser Auseinandersetzung, die heute ebenso heftig wie zur Zeit von Marx, Engels und Lenin geführt wird, geht es um die Klärung der philosophischen Voraussetzungen von Naturwissenschaft und Mathematik und deren weltanschauliche Schlußfolgerungen. Hierbei ist uns die vor 50 Jahren erschienene Arbeit Lenins „Über die Bedeutung des streitbaren Materialismus" eine unschätzbare Hilfe. Diese im März 1922 in der Zeitschrift „Pod Snamenem Marxisma" (Unter dem Banner des Marxismus) veröffentlichte Arbeit besitzt programmatischen Charakter. Lenin gab hierin die feste Orientierung für die schöpferische Entwicklung der marxistischen Philosophie unter den Bedingungen des Aufbaus des Sozialismus und Kommunismus. Dieser Aufsatz, den wir auch als Lenins philosophisches Vermächtnis bezeichnen, führt die in den Werken „Materialismus und Empiriokritizismus“ und „Philosophische Hefte“ tiefgründig entwickelte Polemik gegen den subjektiven Idealismus (Machismus, Positivismus, Kantianismus) und die Religion konsequent fort. In der sowjetischen Akademie-Ausgabe der Geschichte der Philosophie wird festgestellt, daß Lenins Aufsatz der marxistischen philosophischen Wissenschaft neue Horizonte eröffnete, die Kommunistische Partei und die kommunistische Weltbewegung an der ideologischen Front für den Kampf gegen die reaktionäre Weltanschauung ausrüstete und das Banner der Parteilichkeit hoch erhob.[3] Lenin setzte sich prinzipiell mit der objektivistischen Aufgabenstellung auseinander und forderte in allen Fragen der Philosophie ein parteiliches und klassenmäßiges Herangehen an die Erscheinungen. Eine scharfe Abfuhr erteilt Lenin den pseudowissenschaftlichen „Studien“ des bürgerlichen Soziologen Sorokin „Über den Einfluß des Krieges“.

Diesen prinzipiellen Standpunkt der kommunistischen Parteilichkeit in der Philosophie und Soziologie gilt es in unserer gesamten Auseinandersetzung mit der bürgerlichen Ideologie zu beziehen. Streitbarer Materialist sein, das heißt schonungslos den Klassencharakter der imperialistischen und revisionistischen Ideologie aufzudecken und von Lenin zu lernen, wie man diesen Kampf an der Seite der Arbeiterklasse führen muß: „Man braucht sich nur an die übergroße Mehrzahl der in den europäischen Ländern so häufig auftauchenden philosophischen Moderichtungen zu erinnern, angefangen beispielsweise mit denen, die an die Entdeckung des Radiums anknüpften, bis zu denen, die sich heute an Einstein zu klammern suchen“, schreibt Lenin, „um eine Vorstellung von dem Zusammenhang zu bekommen, der zwischen den Klasseninteressen und der Klassenstellung der Bourgeoisie sowie der Unterstützung, die sie jeglichen Formen der Religion gewährt, und dem Ideeninhalt der philosophischen Moderichtungen besteht.“[4] Mit der größten Hochachtung hingegen spricht Lenin von den materialistischen und progressiven Traditionen des Bürgertums sowie von dem Erbe der großen Naturforscher wie Einstein, Hertz, die man gegen jede Ausschlachtung durch den Idealismus verteidigen muß. Er würdigt den Beitrag Timirjasews über die Relativitätstheorie Einsteins und schreibt im Zusammenhang mit dieser großartigen naturwissenschaftlichen Entdeckung, daß Einstein keinerlei aktiven Feldzug gegen die Grundlagen des Materialismus führt. Dennoch versuche die bürgerliche Intelligenz in allen Ländern die Theorie Einsteins auszuschlachten. Dies gelte nicht nur für Einstein allein, sondern für eine ganze Reihe, wenn nicht für die Mehrheit aller großen Neuerer in der Naturwissenschaft seit dem Ende des 19. Jahrhunderts. „Und um einer solchen Erscheinung nicht ratlos gegenüberzustehen, müssen wir begreifen, daß sich ohne eine gediegene philosophische Grundlage keine Naturwissenschaft, kein Materialismus im Kampf gegen den Ansturm der bürgerlichen Ideen und gegen die Wiederherstellung der bürgerlichen Weltanschauung behaupten kann. Um diesen Kampf bestehen und mit vollem Erfolg führen zu können, muß der Naturforscher moderner Materialist, bewußter Anhänger des von Marx vertretenen Materialismus sein, das heißt, er muß dialektischer Materialist sein ... Ohne eine solche Aufgabenstellung werden die großen Naturforscher auch künftig ebenso häufig wie bisher in ihren philosophischen Schlußfolgerungen und Verallgemeinerungen hilflos sein. Denn die Naturwissenschaft schreitet so schnell voran, macht eine Periode so tiefgehenden revolutionären Umbruchs auf allen Gebieten durch, daß sie ohne philosophische Schlußfolgerungen unter keinen Umständen auskommen kann.“[5] Von einer Zeitschrift, die ein Organ des streitbaren Materialismus sein will, fordert Lenin somit die unentwegte Entlarvung und Verfolgung aller modernen „diplomierten Lakaien der Pfafferei“, einerlei, ob diese als Repräsentanten der offiziellen Wissenschaft oder als Freischärler auftreten, die sich „demokratisch-radikale oder ideell-sozialistische“ Publizisten nennen. Eine solche Zeitschrift muß weiter ein Organ des streitbaren Atheismus sein, d. h., unermüdlich atheistische Propaganda treiben und für den Atheismus kämpfen. In diesem Kampf müssen die Kommunisten und alle konsequenten Materialisten bis zu einem gewissen Grade ein Bündnis mit dem progressiven Teil der Bourgeoisie verwirklichen, die Bourgeoisie jedoch entlarven, sobald sie ins Reaktionäre verfällt. „Das bedeutet, daß es Verrat am Marxismus und Materialismus wäre, wenn man ein Bündnis mit den Vertretern der Bourgeoisie des 18. Jahrhunderts, d. h. der Epoche, da diese revolutionär war, verschmähen wollte, denn im Kampf gegen die herrschenden religiösen Dunkelmänner ist es unsere Pflicht, mit den Drews ein ‚Bündnis' in dieser oder jener Form, in diesem oder jenem Grade einzugehen."[6] Aber nicht minder wichtig, wenn nicht gar noch wichtiger als das Bündnis mit den konsequenten Materialisten, die nicht der Partei der Kommunisten angehören, ist nach Lenin die vom streitbaren Materialismus zu leistende Arbeit des Bündnisses mit den Vertretern der modernen Naturwissenschaft, die dem Materialismus zuneigen und sich nicht scheuen, ihn entgegen den in der sogenannten „gebildeten Gesellschaft" herrschenden philosophischen Modeschwankungen zum Idealismus und Skeptizismus zu verfechten und zu propagieren. Diesem zweiten Bündnis muß man größere Aufmerksamkeit zuwenden, fordert Lenin. Seine in diesem Zusammenhang angeführte Begründung gilt voll und ganz auch heute noch: „Man muß bedenken, daß gerade aus dem jähen Umbruch, den die moderne Naturwissenschaft durchmacht, unausgesetzt reaktionäre philosophische Schulen und Richtungen, große wie kleine, emporsprießen."[7]

Daß dieser Prozeß auch heute andauert und angesichts des sich in unserer Epoche zuspitzenden Klassenkampfes zwischen Sozialismus und Imperialismus auf ideologischem Gebiet auch die philosophischen Fragen der Naturwissenschaften, Medizin und Mathematik, an Bedeutung gewinnen, beweist uns die Aktualität dieser Leninschen Fragestellung. Wie diese Auseinandersetzung zu führen ist, hat Lenin in seinem Werk „Materialismus und Empiriokritizismus" tiefgründig gezeigt. Dieses geniale Werk bildet das philosophische Grundwerk des 20. Jahrhunderts, das es uns ermöglicht, die gegenwärtige Wissenschaftsentwicklung grundlegend einzuschätzen, und das uns die Agrumente liefert, uns mit bürgerlichen Schulen, die die Ergebnisse der modernen Naturwissenschaften und der Mathematik entstellen und verfälschen, gründlich auseinandersetzen zu können. Dieses Werk sowie andere philosophische Arbeiten, wie insbesondere die berühmten „Philosophischen Hefte", liegen den weit in die Zukunft weisenden Bemerkungen Lenins über das Bündnis von materialistischen

Philosophen und Naturwissenschaftlern zugrunde. Auch heute nutzt der Idealismus jede Schwierigkeit bei der Lösung komplizierter wissenschaftlicher Probleme aus, um die Grundprinzipien wissenschaftlicher Erkenntnisse anzugreifen. Wie zu Anfang des 20. Jahrhunderts, als Lenin sein Werk „Materialismus und Empiriokritizismus" schrieb, so stand auch in den letzten Jahrzehnten die Physik im Mittelpunkt der Entwicklung der Naturwissenschaften. Aus diesem Grunde ist die jüngste Revolution in der Naturwissenschaft eng mit Erfolgen der Physik verbunden.

Es darf aber nicht übersehen werden, daß auch mit der Biologie die moderne Naturwissenschaft heute in eine neue Etappe ihrer Revolution getreten ist. Die vielfältigen naturwissenschaftlichen Entdeckungen, die auf die objektive Dialektik der Natur hinweisen, bildeten die Grundlage einer unaufhörlichen Vervollkommnung und Erweiterung der theoretischen Synthese im Bereich der modernen Naturwissenschaft.

Doch unter den Bedingungen des Kapitalismus wurde und wird dieser progressive Prozeß von einer Aktivierung der reaktionären idealistischen Philosophie begleitet, die sich bemüht, nicht nur die Schwierigkeiten, sondern auch die neuesten Erfolge der Naturwissenschaft gegen den Materialismus auszuwerten. In dem Versuch, mittels der Erfolge der Physik den Materialismus aus der Naturwissenschaft zu verdrängen und ihn durch Idealismus und Agnostizismus zu ersetzen, sah Lenin die „Krise der modernen Physik". In den kapitalistischen Ländern wurde diese philosophisch-methodologische Krise der Naturwissenschaft nach 1917 nicht überwunden, sondern sie verschärfte sich sogar. Die Aktivierung des Idealismus in den Naturwissenschaften ergab sich Anfang der 20er Jahre aus dem Versuch, der Einsteinschen Relativitätstheorie eine idealistische Deutung zu geben.

Wie bereits hervorgehoben, hat Lenin in seinem Aufsatz „Über die Bedeutung des streitbaren Materialismus" ausdrücklich darauf hingewiesen, daß die übergroße Mehrheit der philosophischen Modeströmungen der bürgerlichen Weltanschauung in allen Ländern sich der Theorie Einsteins bemächtigten, die selbst eigentlich keinerlei Anlaß für einen Feldzug gegen die Grundlagen des Materialismus bot. Dadurch, daß Einstein den erkenntnistheoretischen Aspekt der mit der Relativitätstheorie zusammenhängenden Probleme erwähnt und heraushebt, zeigt er, daß diese Theorie dem Materialismus in seinem Kampf gegen den Idealismus, der die objektive Realität der Materie ablehnt, wichtige Grundlagen liefert. Die allgemeine Relativitätstheorie, die auf der nichteuklidischen Geometrie basiert, erbrachte den Nachweis, daß die realen Eigenschaften des Raumes um so stärker von den euklidischen abweichen, je größer die Masse der Körper, je stärker also das Gravitationsfeld ist. Damit bestätigt diese Theorie durch ihren physikalischen Inhalt die dialektische und materialistische Lehre von Raum und Zeit und konstatierte in konkreter Form die in der Natur existierende Wechselbeziehung von Raum und Zeit mit der sich bewegenden Materie. Einstein hob selbst wiederholt den objektiven Charakter der physikalischen Erscheinungen, die seine Theorie widerspiegelte, hervor. So schrieb er in seiner Autobiographie, einem bemerkenswerten und philosophisch bisher noch wenig ausgewerteten Dokument: „Bei der gegebenen physikalischen Interpretation von Koordinaten und Zeit bedeutet dies nicht etwa nur einen konventionellen Schritt, sondern involviert bestimmte Hypothesen über das tatsächliche Verhalten bewegter Maßstäbe und Uhren, die durch Experiment bestätigt bzw. widerlegt werden können.“[8]

Eine bemerkenswerte Stelle über die materialistische Grundposition Einsteins findet sich bei Heisenberg in dem Werk „Der Teil und das Ganze. Gespräch im Umkreis der Atomphysik“ (München 1969). Diese Auffassung Einsteins ist von Heisenberg offensichtlich deshalb auch so hervorgehoben worden, weil Heisenberg sich selbst schließlich vom Positivismus und subjektiven Idealismus befreit hat und seine Übereinstimmung mit Einstein bekunden möchte, wenn er sich auch noch von einem gewissen Platonismus nicht zu befreien vermochte.[9] Die Stelle über Einstein lautet: „Wieder wurde mir klar“, schreibt Heisenberg, „wie unendlich schwer es ist, die Vorstellungen aufzugeben, die bisher für uns die Grundlage des Denkens und der wissenschaftlichen Arbeit gebildet haben. Einstein hatte seine Lebensarbeit daran gesetzt, jene objektive Welt der physikalischen Vorgänge zu erforschen, die dort draußen in Raum und Zeit, unabhängig von uns, nach festen Gesetzen abläuft. Die mathematischen Symbole der theoretischen Physik sollten diese objektive Welt abbilden und damit Voraussetzungen über ihr zukünftiges Verhalten ermöglichen. Nun wurde behauptet, daß es, wenn man bis zu den Atomen hinabsteigt, eine solche objektive Welt in Raum und Zeit gar nicht gibt und daß die mathematischen Symbole der theoretischen Physik nur das Mögliche, nicht das Faktische, abbilden. Einstein war nicht bereit, sich – wie er es empfand – den Boden unter den Füßen wegziehen zu lassen."[10]

Die Konventionalisten, gegen die Einstein stets heftig polemisierte, interpretierten die Auffassungen von Raum und Zeit als ein nützliches, bedingtes Übereinkommen. Lorentz, der die materialistischen Grundlagen der Relativitätstheorie verteidigte, hob deutlich hervor, daß Einstein der erste war, der das Relativitätsprinzip in Form eines allgemeinen objektiven streng wirkenden Gesetzes formulierte.

Poincaré konnte zu dieser Verallgemeinerung wegen seiner konventionalistischen, also subjektiv-idealistischen Position nicht gelangen, nach der die Wahl zwischen verschiedenen Standpunkten nur auf der Grundlage von Erwägungen der Bequemlichkeit, der Denkökonomie, getroffen wird. Einstein ließ sich im Gegensatz zu Poincaré von einer materialistischen Einstellung zur physikalischen Realität leiten. Er war sich immer bewußt, daß er etwas vom Subjekt Unabhängiges entdeckt.

Einstein interessierte sich für die allgemeinen Probleme der Physik, die eng mit der Philosophie zusammenhingen. Wie sein enger Mitarbeiter Infeld bezeugt, umriß er immer den „philosophischen Hintergrund" des Problems, bevor er zu mathematischen Formeln und physikalischen Details überging. Im Gegensatz zu der Trennung von Philosophie und Naturwissenschaften, wie sie für den Positivismus charakteristisch ist, betonte Einstein stets die Einheit von Physik und Philosophie. In seiner Selbstbiographie finden sich die folgenden bemerkenswerten Sätze: „Die gegenseitige Beziehung von Erkenntnistheorie und Science ist von merkwürdiger Art. Sie sind aufeinander angewiesen. Erkenntnistheorie ohne Kontakt mit Science wird zum leeren Schema. Science ohne Erkenntnistheorie ist – soweit überhaupt denkbar – primitiv und verworren."[11]

Diese Position bringt er auch in der Auseinandersetzung mit Ostwald und Mach zum Ausdruck, wenn er schreibt: „Die Abneigung dieser Forscher gegen die Atomtheorie ist ohne Zweifel auf ihre positivistische philosophische Einstellung zurückzuführen. Es ist dies ein interessantes Beispiel dafür, daß selbst Forscher von kühnem Geist und von feinem Instinkt durch philosophische Vorurteile für die Interpretation von Tatsachen gehemmt werden können. Das Vorurteil – welches seither keineswegs ausgestorben ist – liegt in dem Glauben, daß die Tatsachen allein ohne freie begriffliche Konstruktion wissenschaftliche Erkenntnis liefern könnten und sollten." [12]

Es sei in diesem Zusammenhang auch darauf hingewiesen, daß Einstein von der Relativitätstheorie als der Theorie von „Langevin-Einstein" gesprochen hat, wie dem Briefwechsel Einsteins mit Langevin entnommen werden kann. In der Zeitschrift „La Pensée. Revue du Rationalisme Moderne" wurden im Februarheft 1972 diese Dokumente erstmals publiziert. Sie sind wissenschaftshistorisch für den Kampf um die Durchsetzung der Einsteinschen Relativitätstheorie in Deutschland und Frankreich außerordentlich aufschlußreich und beweisen uns, daß selbst Physiker sich unter dem Einfluß idealistischer Richtungen, insbesondere unter dem Einfluß des Neukantianismus und des Neopositivismus, heftig den Erkenntnissen Einsteins widersetzten. Es war Paul Langevin – auf dessen Arbeiten sich Lenin in „Materialismus und Empiriokritizismus" unmittelbar bezog und die er philosophisch verallgemeinerte –, der sich von Anfang an konsequent gegen idealistische Interpretationen in der Physik wandte und gegen jene Philosophen, die, von der Heisenbergschen Unbestimmtheitsrelation ausgehend, den Elementarteilchen und folglich der ganzen Natur eine mysteriöse „Willensfreiheit" zuschrieben.

Unermüdlich kämpfte Langevin gegen die Behauptung, daß die Materie beim Zerfall des Atoms verschwinde. Dieser bedeutende französische Physiker, der 1930 die Union rationaliste gründete, gab keinen Augenblick lang das Prinzip der Erkennbarkeit der Welt preis, wie vor allem G. Cogniot in seiner instruktiven Abhandlung „Paul Langevin. Zum 100. Geburtstag" (in: „Probleme des Friedens und des Sozialismus",

Heft 2/1972) nachgewiesen hat. Aus der engen Freundschaft und Zusammenarbeit zwischen Langevin und Einstein können wir auch entnehmen, wie beide ständig um die philosophischen Probleme der Physik gerungen haben.

Die konsequente Auseinandersetzung Einsteins mit der positivistischen Leugnung der Existenz der objektiven Realität, sein Kampf um die Anerkennung der objektiven Existenz der Dinge, der physikalischen Körper mit der ihnen eigenen Raum-Zeit-Struktur wird aber nicht, wie oft behauptet wird, vom Standpunkt eines objektiven Idealismus vorgenommen. Wenn der Begriff „religiös" in Einsteins Schriften auftaucht, so im Sinne des Pantheismus, also des versteckten Materialismus. „Unter ‚religiöser Wahrheit' kann ich mir etwas Klares überhaupt nicht denken ... Es ist gewiß, daß eine mit religiösem Gefühl verwandte Überzeugung von der Vernunft bzw. Begreiflichkeit der Welt aller feineren wissenschaftlichen Arbeit zugrunde liegt ... Jene mit tiefem Gefühl verbundene Überzeugung von einer überlegenen Vernunft, die sich in der erfahrbaren Welt offenbart, bildet meinen Gottesbegriff, man kann ihn also in der üblichen Ausdrucksweise als ‚pantheistisch' (Spinoza) bezeichnen ... Konfessionelle Traditionen kann ich nur historisch und psychologisch betrachten, ich habe zu ihnen keine anderen Beziehungen."[13] Es sei hier auch noch auf eine interessante Stelle eines Briefes Einsteins an Maurice Solovine hingewiesen, wo es heißt: „Ich habe keinen besseren Ausdruck als den Ausdruck ‚religiös' für dieses Vertrauen in die vernünftige und der menschlichen Vernunft wenigstens einermaßen zugängliche Beschaffenheit der Realität. Wo dieses Gefühl fehlt, da artet Wissenschaft in geistlose Empirie aus."[14]

Einstein teilte in jeder Hinsicht den von Max Born programmatisch vertretenen Standpunkt: „Was die Philosophie betrifft, so ist jeder moderne Naturforscher, besonders jeder theoretische Physiker, sich zutiefst der Tatsache bewußt, daß seine Arbeit eng mit dem philosophischen Denken verwoben ist und daß sie ohne eine gründliche Kenntnis der philosophischen Literatur wenig bedeutet."[15]

Allerdings zeigt sich bei Einstein ebenso wie bei Planck, im Unterschied zu Born, ein Mangel in erkenntnistheoretischen Grundfragen, vor allem in dem Unvermögen, das dialektische Wechselverhältnis von sinnlichem und rationalem Moment im Erkenntnisprozeß zu erfassen. Für Einstein gibt es keinen logischen Weg von den Empfindungen zu den Begriffen, von den Erfahrungstatsachen zu den theoretischen Systemen der Physik. Seiner Meinung nach sind vom logischen Standpunkt aus die Begriffssysteme willkürliche „freie Schöpfungen" des menschlichen Verstandes. Den tiefen Widerspruch zwischen Materialismus und Idealismus in der Frage der Begriffsbildung bringt Einstein in seiner Autobiographie zum Ausdruck, wo er schreibt: „Er (der Scientist, d. h. der Naturwissenschaftler, E. A.) akzeptiert dankbar die erkenntnistheoretische Begriffsanalyse: aber die äußeren Bedingungen, die ihm durch die Erlebnistatsachen gesetzt sind, erlauben es ihm nicht, sich bei der Konstruktion seiner Begriffswelt allzusehr durch Festhalten an einem erkenntnistheoretischen System beschränken zu lassen. Er muß dann dem systematischen Erkenntnistheoretiker als eine Art skrupelloser Opportunist erscheinen. Er erscheint als Realist insofern, als er eine von den Akten der Wahrnehmung unabhängige Welt darzustellen sucht; als Idealist insofern, als er die Begriffe und Theorien als freie Erfindungen des menschlichen Geistes ansieht (nicht logisch ableitbar aus dem empirisch Gegebenen); als Positivist insofern, als er seine Begriffe und Theorien *nur* insoweit für begründet ansieht, als sie eine logische Darstellung von Beziehungen zwischen sinnlichen Erlebnissen liefern. Er kann sogar als Platoniker oder Pythagoräer erscheinen, insofern er den Gesichtspunkt der logischen Einfachheit als unentbehrliches und wirksames Werkzeug seines Forschens betrachtet." [16]

Trotz der prinzipiellen Bejahung der Existenz und Erkennbarkeit der objektiven Realität zeigen sich bei allen Naturwissenschaftlern, aber auch bei den Mathematikern, die nicht auf dem Boden des dialektischen Materialismus stehen, diese hier bei Einstein skizzierten Mängel in der Auffassung vom dialektischen Wechselverhältnis von Sinnlichem und Rationalem im Erkenntnisprozeß. Wir können hierzu weitere Belege beibringen. So heißt es bei Planck in dessen wissenschaftlicher Selbstbiographie: „Was mich zu meiner Wissenschaft führte und von Jugend auf für sie begeisterte, ist die durchaus nicht selbstverständliche Tatsache, daß unsere Denkgesetze übereinstimmen mit den Gesetzmäßigkeiten im Ablauf der Eindrücke, die wir von der Außenwelt empfangen, daß es also dem Menschen möglich ist, durch reines Denken Aufschlüsse über jene Gesetzmäßigkeiten zu gewinnen. Dabei ist von wesentlicher Bedeutung, daß die Außenwelt etwas von uns Unabhängiges, Absolutes darstellt, dem wir gegenüberstehen, und das Suchen nach den Gesetzen, die für dieses Absolute gelten, erschien mir als die schönste wissenschaftliche Lebensaufgabe."[17] Auch hier der Widerspruch zwischen der Anerkennung der objektiven Außenwelt und der Möglichkeit, diese zu erkennen, aber durch „reines Denken".

Besondere erkenntnistheoretische Probleme entstanden mit dem von Bohr entwickelten Komplementaritätsprinzip und der Heisenbergschen Unschärferelation. Heisenberg, der die Bohrsche Idee aufgriff, zog daraus zunächst agnostizistische Schlußfolgerungen, nämlich, daß unsere Sprache bei der Beschreibung atomarer Prozesse versage. Bohr hat sich selbst sehr darum bemüht, der Heisenbergschen Unschärferelation durch das Komplementaritätsprinzip die entsprechende erkenntnistheoretische Präzisierung zu verleihen. Bohr erkannte den dialektischen Charakter im Mikrogeschehen und wies nach, daß sie die Grenzen der Anwendbarkeit der klassischen Physik auf die Mikroobjekte beschreibe, daß man daher zur Vermeidung von Mißverständnissen den Welle-Korpuskel-Dualismus besonders betonen müsse. Während Heisenberg von einem Versagen der Sprache bei der Beschreibung atomarer Prozesse spricht,[18] schafft Bohr durch das Eingehen auf Fragen der Semantik in der modernen physikalischen Begriffsbildung die Voraussetzung für eine Lösung der aufgetretenen erkenntnistheoretischen Schwierigkeiten. In seiner Arbeit „Atomphysik und menschliche Erkenntnis" macht er bereits darauf aufmerksam, daß in einer Situation wie der vorliegenden, in der es schwierig gewesen ist, gegenseitiges Verständnis nicht nur zwischen verschiedenen Philosophen und Physikern zu erreichen, sondern sogar zwischen Physikern verschiedener Schulen, die Schwierigkeiten gewiß nicht selten ihre Wurzeln in der Vorliebe für einen bestimmten Sprachgebrauch haben, der sich aus den verschiedenen Ausgangspunkten ergibt.[19] Besonders aufschlußreich ist auch die Arbeit von Bohr „Quantenphysik und Philosophie. Kausalität und

Komplementarität" (1959), weil hierin eine deutliche Annäherung an die dialektisch-materialistische Auffassung der Quantenphysik zu verzeichnen ist, verbunden mit einer spontan materialistischen Analyse erkenntnistheoretischer Fragen. In logischen und semantischen Fragen erfolgt eine bewußte Fortführung der in der Arbeit „Atomphysik und menschliche Erkenntnis" enthaltenen Gedankengänge bezüglich der eindeutigen Anwendung von Begriffen, des Problems der Ungenauigkeit und Mehrdeutigkeit der Wörter unserer Umgangssprache, die als Verständigungsmittel ja auch der Wissenschaft dient: „Die Anhäufung experimenteller Daten und die Präzisierung der theoretischen Begriffe führen zweifellos zur Vervollkommnung der Terminologie. Davon abgesehen, ist jede Beschreibung physikalischer Resultate letzten Endes dazu da, die Zusammenhänge zwischen Ursachen und Wirkungen in der Umgangssprache, die bei der Beschreibung verwendet wird, umfassend zu analysieren und aufzuzeigen."[20]

Auch hinsichtlich der Ergebnisse der Quantenmechanik erweist es sich nach Bohr als entscheidend, die Forderung anzuerkennen, daß die Beschreibung der experimentellen Einrichtungen und Beobachtungsergebnisse in einer verständlichen Sprache unter Anwendung der gewöhnlichen physikalischen Terminologie erfolgen müsse. Das sei aber einfach eine Forderung der Logik, weil wir unter dem Wort Experiment weiter nichts als das Verfahren verstehen wollen, durch das wir anderen mitteilen können, was von uns unternommen wurde und was wir erfahren haben. Die in diesem Zusammenhang diskutierte Frage, ob man sich nicht zwecks genauerer Darstellung der vorliegenden Situation einer mehrwertigen Logik bedienen müsse, wird von Bohr nicht positiv beantwortet, da nach seiner Auffassung die Überlegungen zeigen, daß jedwede Abweichungen von der allgemein üblichen Sprache und der gewöhnlichen Logik beseitigt werden können, wenn das Wort „Erscheinung" nur im Sinne von etwas, „was geschieht", worüber eine eindeutige Information möglich ist, gebraucht werde. Das Wort Messung müsse dabei in seinem eigentlichen Sinne, d. h. im Sinne eines quantitativen Vergleichs, verwendet werden. „Wenn man das nur alles beachtet, kann man sich davon überzeugen, daß die Quantenmechanik in bezug auf ihre Widerspruchsfreiheit und Vollkommenheit allen Anforderungen genügt, um eine rationelle Erklärung zu ermöglichen. Es ist für die widerspruchsfreie Deutung des Formalismus der Quantenmechanik wesentlich, von Meßergebnissen auszugehen, die unter völlig bestimmten Versuchsbedingungen erhalten werden. Dieses sich stützen auf konkrete Meßergebnisse tritt an die Stelle der Grundvoraussetzungen der klassisch-physikalischen Beschreibung, gemäß der jedes Glied in der Kausalkette von Ergebnissen im Prinzip eine unmittelbare Überprüfung zuläßt ... Die Tatsache, daß die Quantengesetzmäßigkeiten nicht im klassischen Sinne analysiert werden können, verlangt, wie wir sehen, bei der Beschreibung dessen, was wir mittels Experiment erfahren, die Einführung eines logischen Unterschiedes zwischen den Meßgeräten und den atomaren Objekten, eines Unterschiedes, der prinzipiell die Möglichkeit einer ausführlichen deterministischen Beschreibung ausschließt."[21] Bohr gelangt zu dem Schluß, daß der weite Rahmen der Komplementarität durchaus nicht eine willkürliche Abkehr vom Ideal der Kausalität bedeute. Der Begriff Komplementarität verdeutliche unmittelbar unsere Stellung in der Frage der Widerspiegelung der Grundeigenschaften der Materie, von denen man annahm, daß sie der klassisch-physikalischen Beschreibung unterliegen. Auf diese Grundeigenschaften ist aber die klassische Beschreibung nicht anwendbar. Bei allen Unterschieden der Situation, in denen die Begriffe Kausalität und Komplementarität zur Anwendung kommen, haben diese Situationen in erkenntnistheoretischer Hinsicht doch eine auffallende Ähnlichkeit. Wir haben es nämlich in allen Fällen mit der Erforschung von Gesetzmäßigkeiten zu tun, die nicht durch anschauliche Vorstellungen, die für die Widerspiegelung der physikalischen Tatsachen manchmal durchaus nützlich sind, erfaßt werden können. Entscheidend ist allein der Umstand, daß auch nicht in einem dieser Fälle die Erweiterung der Grenzen unserer Begriffe irgendeinen Bezug auf das beobachtende Subjekt voraussetzt. Damit bringt Bohr klar die Anerkennung der Objektivität der quantenmechanischen Beschreibung und ihre Unabhängigkeit vom erkennenden Subjekt zum Ausdruck.

W. A. Fock weist in seinem Vorwort zu dieser Arbeit Niels Bohrs nachdrücklich darauf hin, daß Bohr, indem er zeige, daß nur die Geräte und ihre Aussagen das Mittel zum Studium der objektiven Beschaffenheit der atomaren Objekte sind, gleichsam herausstelle, daß die Aussagen über die atomaren Objekte nicht weniger Objektivität besitzen als die Objekte selbst. Weiterhin trennt Bohr hier zum ersten Mal den Begriff Kausalität und Determinismus (im Sinne des Laplaceschen Determinismus) und weist darauf hin, daß die Kausalität im Sinne des Zusammenhanges zwischen Ursache und Wirkung auch in der Quantenphysik, die nur einen Verzicht auf das „klassische Ideal des Determinismus" fordert, vollständig erhalten bleibt. Schließlich kommt Bohr bei der Behandlung der Frage der Wechselbeziehungen zwischen Objekt und Meßgerät ohne den schlecht definierten Begriff „nichtkontrollierbare Wechselbeziehung" aus, der in seinen früheren Arbeiten eine große Rolle spielte. Statt dessen unterstrich er, daß sich die unterschiedliche Behandlung des Objekts und des Meßgerätes logisch ergebe. Die Gründe für zahlreiche Verbesserungen in den Formulierungen Bohrs sieht Fock in den vom Februar bis Mai 1957 mit diesem geführten Gesprächen sowie in den „Bemerkungen zum Artikel Bohrs über seine Diskussionen mit Einstein"[22].

Auch in den Aussagen der Relativitätstheorie ist nach Bohr die Objektivität durch die Berücksichtigung der Abhängigkeit der Erscheinungen vom Koordinatensystem des Beobachters gewährleistet, während in der komplementären Beschreibung irgendeine Subjektivität durch die Erfassung der Bedingungen, unter denen die Anwendung unserer primären Begriffe eindeutig ist, ausgeschlossen wird. Allerdings, der These Bohrs, daß unter allgemeinphilosophischem Aspekt hier bedeutungsvoll sei, daß wir in Hinsicht auf Analyse und Synthese in anderen Wissensbereichen Situationen begegnen, die uns an die Situation in der Quantenphysik erinnern, kann nicht zugestimmt werden. So besitzt die Gesamtheit der lebenden Organismen und der Charaktereigenschaften der mit Bewußtsein ausgestatteten Lebewesen wie auch die der menschlichen Kulturen Züge der Ganzheit, deren Darstellung eine typisch komplementäre Beschreibungsmethode erfordert.[23] Hier zeigen sich deutlich bei einem so bedeutenden und führenden Physiker der Gegenwart die klassenmäßigen und sozialen Schranken, die sich auch bei Planck, Born und Heisenberg nachweisen lassen.

Dennoch können wir nicht positiv genug hervorheben, daß es gerade führende Physiker in der BRD waren und sind, die sich energisch dem imperialistischen Mißbrauch ihrer Forschungsergebnisse widersetzen. Von der Erklärung der „18 Göttinger“ bis zu den ständigen Aufrufen zum Widerstand gegen die Machenschaften der Monopolbourgeoisie und zur Unterstützung der sowjetischen Vorschläge für Frieden und Sicherheit in der Welt ist ein direkter Weg zu verzeichnen. Max Born wandte sich kurz vor seinem Tode direkt an die Arbeiterklasse und vertrat mutig die ethischen Prinzipien eines zutiefst bürgerlichen Humanisten, die uns allen Respekt abverlangen. Heisenberg wandte sich gegen allen Irrationalismus nicht nur in physikalischen Fragen der Physik, sondern auch in politischen und gesellschaftlichen Fragen. So betonte er unmißverständlich: „Man wird doch wohl sagen können, daß der Mensch als Lebewesen auf dieser Erde sich hauptsächlich dadurch auszeichnet, daß er sein Leben durch Erkenntnis möglich macht, d. h. die Fähigkeit, zu erkennen, und danach die Handlungen einzurichten . . ., dies ist doch wohl die Grundbedingung des Menschseins überhaupt. Daher wird es sehr schwierig sein, den Menschen irgendwelche Grenzen oder Beschränkungen für seine Erkenntnisfähigkeit auferlegen zu wollen. Man wird ihm nicht sagen können: Ja, wenn du merkst, daß du etwas herausbringst, was gefährlich ist, bitte dann höre auf, du darfst nun nicht mehr herausbringen. So wird das wohl nicht gehen, sondern die Erkenntnis wird sich doch immer erweitern, und natürlich ist es wahr, daß gerade dort, wo diese Erkenntnis vom täglichen Bereich, mit dem wir umzugehen gewohnt sind, wegführt, daß dort dann die Gefahren auch immer größer werden. Aber die Verantwortung diesen Gefahren gegenüber besteht, glaube ich, nicht darin, daß man die Erkenntnismöglichkeiten einschränkt, sondern darin, daß man im Gegenteil die Bedingungen der Menschen auf der Erde und das Zusammenleben der Menschen untereinander mit dem gleichen ‚Apparat‘, nämlich mit unserem rationalen Denken so sorgfältig erforscht, wie die Natur draußen auch.

Denn wenn man über die Bedingungen des Zusammenlebens der Menschen ebenso sorgfältig nachdenkt wie über die Physik, dann besteht doch die Hoffnung, daß man auch hier das Leben vernünftiger gestaltet als es bisher oft gemacht worden ist. Also ich glaube, daß die Verantwortung des Wissenschaftlers eigentlich nur darin bestehen kann, daß er über alle Seiten dieses Menschseins ebenso sorgfältig nachdenkt, wie über seine Naturwissenschaften, aber nicht etwa darin, daß er sich das Denken irgendwo verbiete."[24]

In seinem Werk „Der Teil und das Ganze. Gespräche im Umkreis der Atomphysik" schildert Heisenberg, wie in seinem Haus die Besprechung der „18 Göttinger" stattfand, in der der bekannte, politisch wirksame Brief an Strauß formuliert und beschlossen wurde. Heisenberg bemerkt hierzu: „Wenn wir auf diesen Brief keine befriedigende Antwort erhielten, wollen wir, so hatten wir geschrieben, uns das Recht vorbehalten, mit unseren Ansichten zur Frage der atomaren Bewaffnung an die Öffentlichkeit zu treten."[25]

Heisenbergs persönlicher Einsatz in dieser so entscheidenden Frage des Kampfes gegen den westdeutschen Imperialismus war jedoch sehr widersprüchlich und inkonsequent. Er besaß nicht den Mut und die Weitsicht wie Einstein, Bohr oder Born in den Grundfragen politischer Entscheidung zugunsten des Fortschritts.

Wie unüberbrückbar die Gegensätze zwischen den Interessen der Monopolbourgeoisie und einer vom humanistischen Geist getragenen Verantwortung der Wissenschaftler sind, beweist uns auch der im Jahre 1970 von fast allen amerikanischen Nobelpreisträgern der Naturwissenschaft unterzeichnete Protestbrief, in dem Nixons Aggressionspolitik in Indochina sowie die Ermordung von Studenten der Universitäten im Kent State und im Jackson State verurteilt wird. Zu den Unterzeichnern dieses Schreibens gehören 17 Nobelpreisträger der Physik, 6 Chemiker und 18 Mediziner, darunter so bedeutende Physiker wie Felix Bloch, Eduard M. Purcell, John Bardeen, Tsung-Dao Lee, Chen Ning Yang, Owen Chamberlain, Emilio Segre, Charles H. Townes, Richard P. Feymann, Hans A. Bethe, Louis W. Alvarez, Robert Hofstadter, Robert W. Holley, H. Gobind Khorana, Marshall W. Nirenberg, Murray Gell-Mann und Donald A. Glaser.

Unsere Betrachtungen führen uns in methodologischer Hinsicht zu dem Ergebnis, daß die Grenzen zwischen Natur- und Gesellschaftswissenschaften heute nicht mehr scharf zu ziehen sind und daß sich voll bestätigt, was E. Honecker auf dem VIII. Parteitag der SED besonders hervorhebt: „Gerade angesichts der sich objektiv vollziehenden Differenzierung und Spezialisierung auf den verschiedenen Gesellschaftsgebieten, vor allem auch in der Wissenschaft, ist es die marxistisch-leninistische Gesellschaftswissenschaft, die als Grundlage der Fachwissenschaften wirkt, wobei vor allem die Bedeutung der marxistisch-leninistischen Philosophie unterstrichen werden muß."[26]

Die methodologischen Verallgemeinerungen aus der gegenwärtigen Entwicklung der Natur- und Gesellschaftswissenschaften lassen sich grob mit folgenden Thesen umreißen:

1. Die moderne wissenschaftliche Erkenntnisgewinnung ist ein komplizierter und vielschichtiger Prozeß.

2. Wissenschaftliche Erkenntnisgewinnung, das heißt Forschungsarbeit, besteht aus zwei unterschiedlichen Elementen:

a) aus Begriffen über die objektive Realität. Diese ist der Gegenstand der Forschung;

b) aus Methoden, auf deren Grundlage Forschung durchgeführt wird. Dabei gehören Logik und Erkenntnistheorie zu den allgemeinen, d. h. den methodologischen Grundlagen aller Erkenntnisgewinnung. Jeder, der mit irgendeiner Theorie arbeitet, bedient sich der Logik und Erkenntnistheorie. Im Prozeß der Gewinnung neuer Theorie in den Natur- und Gesellschaftswissenschaften spielen Logik und marxistisch-leninistische Erkenntnistheorie eine wesentliche Rolle. Die mathematische Logik und marxistisch-leninistische Erkenntnistheorie besitzen eine heuristische Funktion bei der Schaffung wissenschaftlicher Theorien.

3. Das Wissen strebt immer nach logischer Strenge.

a) Die Logik hat es mit den Regeln des Schließens zu tun, die eng mit der Struktur der Aussagen zusammenhängen. (Vgl. z. B. die Rolle der aussagenlogischen Junktoren und Funktoren.)

b) Mit Hilfe logischer Verknüpfungen werden aus primären Aussagen sekundäre gebildet. Bei den primären Sätzen handelt es sich um Aussagen über Beobachtungen und Experimente.

4. Logik und Erkenntnistheorie sind das Bindeglied zwischen mittelbar oder unmittelbar nachprüfbaren Aussagen einer wissenschaftlichen Theorie, das heißt, Logik und Er-

kenntnistheorie befähigen den Wissenschaftler, von den Axiomen einer wissenschaftlichen Theorie zu primären Aussagen überzugehen.

5. Die Formalisierung ist ein Element logischer Strenge.

6. Die Veränderungen in der modernen Wissenschaft sind derartig tiefgreifend, daß sie selbst ihre logischen und erkenntnistheoretischen Grundlagen betreffen.

7. Die Bedürfnisse der Entwicklung der Wissenschaft haben zu grundlegenden Veränderungen auch des Apparates der modernen formalen Logik geführt.

8. Die Veränderungen in der Wissenschaft berühren zutiefst Fragen der Erkenntnistheorie und Methodologie. Hieraus folgt die notwendige Entwicklung der Dialektik als Methode des wissenschaftlich-theoretischen Denkens.

9. Naturwissenschaftler wenden sich bisweilen dem logischen Positivismus und Strukturalismus zu, weil sie in diesen Richtungen etwas finden, was ihren Bedürfnissen entspricht. Diese Bedürfnisse müssen jedoch in den logischen und erkenntnistheoretischen Arbeiten von Forschern, die auf dem Boden des dialektischen Materialismus stehen, in der gebührenden Weise erfaßt werden.

Anmerkungen

1 W. I. Lenin, Werke, Bd. 15, Berlin 1963, S. 19

2 W. I. Lenin, Werke, Bd. 20, Berlin 1961, S. 196

3 Geschichte der Philosophie, Bd. VI, Berlin 1967 (russ.: Moskau 1965), S. 65

4 W. I. Lenin, Werke, Bd. 33, Berlin 1962, S. 214–215

5 Ebenda, S. 219, 220

6 Ebenda, S. 217, 218

7 Ebenda, S. 219

8 Albert Einstein, Autobiographisches, in: Albert Einstein als Philosoph und Naturforscher, Stuttgart 1955, S. 21. Bei der Darstellung der philosophischen und physikalischen Auffassungen Einsteins stützen wir uns auf diese Autobiographie sowie auf die Darstellung der sowjetischen Geschichte der Philosophie, deutsche Übersetzung, Bd. V, Berlin 1963, S. 498ff., und Bd. VI, Berlin 1967, S. 673ff.

9 Der Platonismus zeigt sich bei Heisenberg deutlich an folgender Stelle in seinem Werk „Der Teil und das Ganze. Gespräche im Umkreis der Atomphysik", München 1969, S. 326: „Die Elementarteilchen können

mit den regulären Körpern in Platos ‚Timaios' verglichen werden. Sie sind die Urbilder, die Ideen der Materie. Die Nukleinsäure ist die Idee des Lebewesens. Diese Urbilder bestimmen das ganze weitere Geschehen. Sie sind die Repräsentanten der zentralen Ordnung. Und wenn auch in der Entwicklung der Fülle der Gebilde später der Zufall eine wichtige Rolle spielt, so könnte es sein, daß auch dieser Zufall irgendwie auf die zentrale Ordnung bezogen ist."

[10] W. Heisenberg, a. a. O., S. 115

[11] A. Einstein, Bemerkungen . . ., in: Albert Einstein als Philosoph und Naturforscher, Stuttgart 1955, S. 507

[12] Ebenda, S. 18

[13] A. Einstein, Mein Weltbild, Frankfurt/M./(West-)Berlin/Wien 1967, S. 171

[14] A. Einstein, Lettres à Maurice Solovine, Gauthier-Villars 1956, S. 102, Brief vom 1. 1. 1951

[15] Max Born, Erinnerungen und Gedanken, in: Physik, Bl. 7/1969, S. 294

[16] A. Einstein, Autobiographisches, a. a. O., S. 508

[17] Max Planck, Wissenschaftliche Selbstbiographie, Leipzig 1945, S. 7

[18] Vgl. W. Heisenberg, Die physikalischen Prinzipien der Quantentheorie, Mannheim 1958, S. 7

[19] Niels Bohr, Atomphysik und menschliche Erkenntnis, Braunschweig 1958, S. 66; vgl. ebenda, S. 2, S. 63–64 u. S. 75

[20] Niels Bohr, Quantenphysik und Philosophie, Kausalität und Komplementarität, Moskau 1957, S. 37, russ.

[21] Ebenda, S. 41

[22] W. A. Fock, Bemerkungen zum Artikel Bohrs über seine Diskussion mit Einstein, Moskau 1958

[23] Vgl. Niels Bohr, Atomic Physics and Human Knowledge, New York 1958

[24] Werner Heisenberg, in: Wohin führt die Wissenschaft?, Bremen 1965, S. 51–52

[25] Werner Heisenberg, Der Teil und das Ganze. Gespräche im Umkreis der Atomphysik, München 1969, S. 304

[26] Erich Honecker, Referent auf dem VIII. Parteitag der SED, Berlin 1971, S. 95–96

Werner Ebeling

Über das Verhältnis der physikalischen Bewegungsform der Materie zu den anderen Bewegungsformen

1. *Problemstellung*

In seinen Werken „Anti-Dühring" und „Dialektik der Natur" gibt Friedrich Engels eine geniale Analyse der verschiedenen Bewegungsformen der Materie, ihrer Wechselbeziehungen und ihres genetischen Zusammenhanges. Höhere Formen der Bewegung entstehen nach Engels aus den niedrigeren. Sie enthalten in sich die niedrigeren Bewegungsformen, sind jedoch nicht auf jene zurückführbar. Engels sagt dazu: „Aber die Anwesenheit dieser Nebenformen erschöpft nicht das Wesen der jedesmaligen Hauptform." [1] Engels vertritt damit die These von den qualitativen Besonderheiten der verschiedenen Bewegungsformen. Er unterscheidet insbesondere die mechanische Bewegung oder einfache Ortsveränderung, die physikalische Bewegung, die chemischen Vorgänge und das organische Leben. Auf der Grundlage dieser Lehre von den Bewegungsformen baut Engels eine dialektisch-materialistische Klassifizierung der Naturwissenschaften auf.

Die heutigen Vorstellungen der Vertreter des dialektischen Materialismus über die Bewegungsformen bauen auf der Lehre von Engels auf; in einigen Punkten erfolgte eine Erweiterung und Präzisierung. [2; 3] Die mechanische Bewegung wird als Unterform der physikalischen Bewegung verstanden. Weiterhin wird nach einem Vorschlag von Kedrow auch die geologische Bewegung als eine selbständige Bewegungsform aufgefaßt. [3] Nach unserer Auffassung sollte auch die kosmische Bewegung als besondere Bewegungsform anerkannt werden. Damit ergibt sich eine Klassifizierung der Bewegungsformen, die wir in folgendem Schema darstellen (S. 39).

Die gerichteten Verbindungslinien deuten an, welche „niedrigeren" Bewegungen an der gegebenen Bewegungsform teilnehmen. Die physikalische Bewegung nimmt eine Sonderstellung unter den Bewegungsformen ein, da sie an allen übrigen Bewegungsformen teilnimmt; somit trägt sie einen

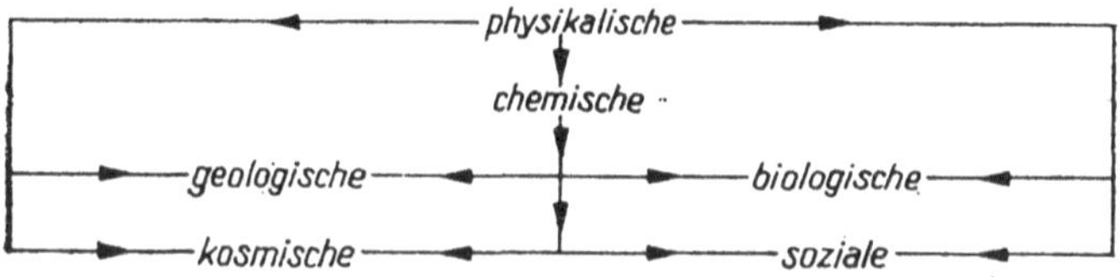

fundamentalen und universellen Charakter. [4] Im Gegensatz dazu sind chemische, biologische Prozesse usw. nur unter ganz bestimmten Bedingungen im Universum möglich. Wir erinnern daran, daß mehr als 99% der Materie ein extrem heißes Plasma bildet, in dem nur physikalische Prozesse ablaufen können. Die stürmische Entwicklung der Grenzgebiete zwischen der Physik und den Nachbarwissenschaften, insbesondere der physikalischen Chemie und der Biophysik, hat eine Klasse neuer philosophischer Probleme aufgeworfen.

Das wichtigste Problem ist unseres Erachtens die Frage der Reduzierbarkeit der verschiedenen Bewegungsformen auf die physikalische Bewegung; der vorliegende Beitrag ist in erster Linie dieser Frage gewidmet. Es ist gut bekannt, daß die Grenzen zwischen der physikalischen und der chemischen sowie der biologischen Bewegungsform durch die Physikalisierung der Chemie und Biologie immer unschärfer geworden sind. Insbesondere zwischen Physik und Chemie lassen sich nach den großen Erfolgen der Quantenchemie kaum noch feste Grenzen abstecken. P. A. M. Dirac stellte bereits 1929 fest: „Die für die mathematische Theorie ... der gesamten Chemie notwendigen grundlegenden physikalischen Gesetze sind also vollständig bekannt.“ [5] Auch in der Molekularbiologie wächst die Rolle der Physik ständig; so zeigte M. Eigen kürzlich in einer viel beachteten Arbeit, „daß die Lebensvorgänge von physikalischen Prinzipien kontrolliert werden, die sich einer quantitativen Formulierung nicht entziehen“. [6] Darf man daraus schließen, daß sich Chemie und Biologie in der Physik auflösen? Unter Naturwissenschaftlern und Philosophen ist heute die Auffassung weit verbreitet, zumindest die Chemie und eventuell auch die Biologie ließen sich vollständig auf Physik reduzieren und seien somit von abgeleitetem Charakter. Wahrscheinlich werden diese Meinungen dem tatsächlichen komplizierten Verhältnis der Physik zur Chemie, Biologie usw. nicht vollständig gerecht, da sie eine Seite dieses Verhältnisses verabsolutieren. Unseres Erachtens tragen solche Auffassungen Züge des Mechanismus, den bereits Engels kritisch widerlegte; man könnte diese Richtung heute auch als Physikalismus bezeichnen. Die vorliegende Studie soll einen Beitrag zur Kritik des Physikalismus als philosophischer Tendenz darstellen; sie richtet sich jedoch nicht gegen die Physikalisierung der Wissenschaften, die als eine gesetzmäßige und positive Richtung der Wissenschaftsentwicklung aufgefaßt wird.

2. *Über das Verhältnis der physikalischen zur chemischen Bewegungsform*

Nach unserer Auffassung hat die Chemie einen eigenen Gegenstand und läßt sich nicht vollständig auf Physik reduzieren. Sie besitzt ein eigenes Begriffssystem, und es gibt spezifisch chemische Fragestellungen. Solche Begriffe wie Valenz und Reaktion sind im Axiomensystem der Physik nicht enthalten und können daher durch physikalische Begriffe nur umschrieben werden. Die Frage, ob die physikalischen Gesetze in der Chemie uneingeschränkt gültig sind, muß man jedoch ohne Zweifel bejahen. Es ist nicht ein einziges Beispiel für eine Verletzung physikalischer Gesetze im chemischen Bereich bekannt. So hat z. B. die Anwendung der Gesetze der Quantenmechanik durch Heitler und London 1927 auf das Wasserstoffmolekül zu einer Deutung der chemischen Bindungskräfte geführt. Dies war der Ausgangspunkt für die Entwicklung eines ganzen Wissenschaftsgebietes, der Quantenchemie. Die Erfolge der Quantenchemie sind insbesondere durch die Anwendung der modernen Rechentechnik ganz beträchtlich. In letzter Zeit mehren sich jedoch skeptische Stimmen, die vor der Reduzierung der Chemie auf eine reine Computer-Chemie warnen. Trotz der Verwendung verschiedener Näherungen, deren Charakter noch weitgehend unklar ist, erfordert die quantenchemische Behandlung größerer Moleküle unverantwortlich große Rechenzeiten und damit enorme Kosten.

Schustorowitsch gibt an, daß die Berechnung des Naphthalin-Moleküls $C_{10}H_8$ mit einer modernen Rechenmaschine, die mehrere Millionen Operationen pro Stunde ausführt, ca. 200 Stunden Rechenzeit erfordert.[7] Der gleiche Autor bemerkt dazu: „Es ist nicht verwunderlich, daß die Mehrzahl der Chemiker dem Anwachsen der ‚Computer-Chemie' ziemlich gleichgültig gegenübersteht." [8] Der Chemiker sieht, „daß nach 40 Jahren des Irrens und Suchens niemand den Weg auf den festen Boden der exakten Lösungen der Schrödinger-Gleichung kennt, und so hat er nicht das Bedürfnis, an den alleinigen Gott der Quantenmechanik zu glauben, sondern fährt fort, sich vor seinen ... Göttern der chemischen Erfahrung und des gesunden Menschenverstandes zu verneigen".

Nach den bisherigen Erfahrungen kann man somit feststellen, daß das Diracsche Programm einer absoluten Quantenchemie, d. h. einer vollständigen Reduktion der Chemie auf Quantenmechanik, praktisch nicht realisierbar ist. Der physikalische Standpunkt, daß die Chemie lediglich ein Teilgebiet der Physik ist, sollte daher abgelehnt werden. Schon Engels bemerkt in seiner Kritik des Mechanizismus: „Weiter zu gehn, die Chemie als ebenfalls eine Art Mechanik auszudrücken, erscheint mir unstatthaft." [1, S. 326/27] Die Engelssche Auffassung, daß die chemische Bewegung sich nicht in den „niedrigeren" Bewegungsformen erschöpft, erscheint uns nach wie vor vollständig zutreffend zu sein.

Es wurde bereits betont, daß die physikalischen Gesetze zweifellos auch im chemischen Bereich uneingeschränkt gültig sind. Bis zu einem gewissen Grade offen ist jedoch die Frage: Bilden die physikalischen Gesetze ein vollständiges System von Gesetzen für den chemischen Bereich, oder gibt es zusätzliche spezifisch chemische Ordnungsprinzipien? Wir möchten hier die interessante Auffassung von Ludwig [9] diskutieren, daß es vermutlich in Ergänzung zur Quantenmechanik zusätzliche spezifische Ordnungsprinzipien für chemische Prozesse gibt, die die Fülle der quantenmechanisch möglichen Strukturen und Reaktionsweisen großer Moleküle in bestimmter Weise einschränken. Das Verhältnis Quantenmechanik – Chemie wäre nach dieser These prinzipiell dem Verhältnis Quantenmechanik – Thermodynamik ähnlich. Es sei betont, daß diese These nicht eine Einschränkung oder

Verletzung der Gesetze der Quantenmechanik im chemischen Bereich postuliert, sondern nur die Auszeichnung gewisser quantenmechanisch zulässiger Strukturen und Prozesse. Die Existenz solcher zusätzlicher spezifisch chemischer Ordnungsprinzipien ist heute noch eine unbewiesene Hypothese. Hinweise auf die Richtung, in der diese hypothetischen Ordnungsprinzipien wirken, liefern jedoch die zum Teil sehr erfolgreichen halbempirischen Verfahren der Quantenchemie. Die neuen hypothetischen Ordnungsprinzipien schränken die rein quantenmechanisch möglichen Verhaltensweisen in bestimmter Weise ein. Zweifellos kann man jedoch das eventuelle Auftreten neuer Ordnungsprinzipien nur für sehr komplizierte chemische Moleküle erwarten. Wie Ludwig bemerkt, „werden einzelne Atome wie Moleküle aus wenigen Atomen vollständig durch die Quantentheorie beschrieben, d. h. alle quantenmechanisch möglichen Effekte lassen sich auch tatsächlich realisieren. Betrachten wir aber immer größere und größere Moleküle, so treten einige markante Züge in der Struktur solcher Moleküle auf". [10] Unabhängig von der Entscheidung über die Existenz spezifisch quantenchemischer Ordnungsprinzipien sollte man unseres Erachtens jedoch an der Eigenständigkeit der chemischen Wissenschaft festhalten. Auch der führende Quantenchemiker H. Hartmann vertritt die Existenz eines autochthonen Begriffssystems der Chemie und bemerkt, „daß die absolute Quantenchemie nur ein richtiges Rechenschema ist, daß sie aber nicht zu Antworten auf typische Fragestellungen des Chemikers führt". [11] Haberditzl, Laitko und Sprung unterstützen ebenfalls Engels' Konzeption der qualitativ verschiedenen Bewegungsformen und vertreten die qualitative Eigenständigkeit der Chemie. [12]

Den Vertretern einer vollständigen Reduzierbarkeit der Chemie auf Physik muß man entgegenhalten, daß auch innerhalb der Physik qualitativ verschiedene Bewegungsformen auftreten. Ein Beispiel: Makrophysikalische Systeme, die aus einer sehr großen Zahl gleichartiger Teilchen bestehen, bewegen sich nach den Gesetzen der reversiblen bzw. irreversiblen Thermodynamik. Die thermodynamische Bewegung ist ohne Zweifel von der quantenmechanischen Bewegung qualitativ verschieden. Die systemcharakteristischen Eigenschaften und Prozesse werden durch ein spezifisches Begriffssystem

(z. B. Temperatur, Entropie, Fluß- und Produktionsgrößen) beschrieben, das nicht vollständig auf mechanische Begriffe zurückführbar ist. Die Deduktion der thermodynamischen aus mechanischen Eigenschaften ist Gegenstand der statistischen Mechanik. Es ist heute gut bekannt, daß die Axiome der statistischen Mechanik gegenüber der klassischen Mechanik bzw. der Quantenmechanik grundsätzlich neue Elemente enthalten. Das Ergebnis der hier gegebenen Analyse ist eine Analogie zwischen dem Verhältnis der Disziplinen:

Mikromechanik – Statistische Mechanik – Makrophysik

Quantenmechanik – Quantenchemie – Chemie

Es sei hervorgehoben, daß das Verhältnis

Quantenmechanik – Chemie

zweifellos nicht verglichen werden kann mit den Relationen

Klassische Mechanik – Quantenmechanik

Klassische Mechanik – Relativistische Mechanik

Im letzten Fall treten beim Übergang grundsätzlich neue Gesetzmäßigkeiten auf, die nicht deduzierbar, sondern lediglich durch ein Korrespondenzprinzip mit den „alten" Gesetzmäßigkeiten verknüpft sind.

3. *Zum Verhältnis der physikalischen zur biologischen Bewegungsform*

Auf Grund der großen Erfolge bei der Untersuchung der Lebensvorgänge mit den Methoden der experimentellen und theoretischen Physik gestaltet sich in letzter Zeit das Verhältnis Physik – Biologie ähnlich wie das Verhältnis Physik – Chemie. In einer bereits erwähnten Arbeit [6] zeigte Eigen, daß die Biologie zumindest im Prinzip durch die Physik begründbar ist. Die wesentliche Leistung besteht hier in der Auflösung des scheinbaren Widerspruchs zwischen dem 2. Hauptsatz der Wärmelehre und der Evolutionshypothese von Darwin. Auf der Basis der insbesondere von Prigogine und Glansdorff entwickelten Thermodynamik irreversibler Prozesse, die weit ab vom Gleichgewicht ablaufen, wird die Möglichkeit der Entstehung höchst geordneter Strukturen nachgewiesen. Als Modell dient ein offenes System mit Proteinen und Nukleinsäuren, dem von außen ständig freie Energie und Monomere zugeführt werden; dadurch wird ein stationärer Zustand weit ab vom Gleichgewicht aufrecht erhalten. Fluktuationen (Mutationen) in dem Modellsystem führen auf Grund des Prigogine-Glansdorff-Extremalprinzips zwangsläufig zur Evolution in einer bestimmten Richtung. Obwohl die individuelle Fluktuation (Mutation) dem Zufall unterworfen ist, läuft die resultierende Evolution auf Grund des Optimalprinzips zwangsläufig – also gesetzmäßig ab. Eigen gelingt damit eine physikalische Deutung der Selbstorganisation und Evolution der lebenden Systeme. „Darwins Prinzip erscheint als ein an bestimmte physikalische Voraussetzungen gebundenes ableitbares Optimalprinzip, nicht etwa als ein der Biosphäre allein zugrunde liegendes irreduzibles Phänomen." Charakteristisch für Eigens Deduktion ist die Einführung neuer Begriffe und Konzeptionen, die über die bisherige Thermodynamik hinausgehen, z. B. der quantitativen Größe Selektionswert und des Informationsbegriffs. Die Analyse der Theorie von Eigen macht deutlich, daß das Verhältnis:

Physik – theoretische Biophysik – Biologie

sich vergleichen läßt mit der Beziehung:

Mikromechanik – Statistische Mechanik – Makrophysik.

Man benötigt für die Deutung der wichtigsten Eigenschaften des Lebens vermutlich keine neue Physik, aber man benötigt neue Begriffe, Konzeptionen und Fragestellungen. Eigen bemerkt dazu: „Bei den bisher untersuchten biologischen Vorgängen und Erscheinungen gibt es keinerlei Hinweise dafür, daß die Physik in ihrer uns bekannten Form dazu nicht in der Lage wäre, wenngleich auch – wie in den makroskopischen Erscheinungen der unbelebten Welt – einer Beschreibung im Detail Grenzen gesetzt sind, die nicht im Grundsätzlichen, sondern allein in der Komplexität der Erscheinungen begründet sind. Ebensowenig wird damit ausgeschlossen, daß die uns geläufigen wesentlichen Prinzipien der Physik sich in den Lebenserscheinungen in einer besonderen, eben für diese charakteristischen Form äußern." Diese klaren Worte von Eigen beleuchten das Verhältnis Physik – Biologie. Die Verwandtschaft zum Verhältnis Physik – Chemie und Mikrophysik – Makrophysik wird deutlich. In allen drei Fällen stehen die genannten Disziplinen im Verhältnis des Einfachen zum Komplexen. Die Bewegungsformen des Komplexen sind in gewissem Sinne ableitbar aus den Bewegungsformen der elementaren Bausteine. Andererseits gewinnt in komplexen Systemen das Wechselspiel der Elemente so sehr an Bedeutung, daß der Einfluß der Gesetze der Bewegung der Bausteine zurücktritt und qualitativ neue Züge hervortreten. Der folgende Abschnitt ist einer genaueren Untersuchung dieses Aspekts gewidmet.

4. Der Zusammenhang zwischen Bewegungsform und Komplexität des Systems

Zu den wichtigsten Ergebnissen der bisherigen Analyse gehört die Erkenntnis einer Analogie zwischen den Relationen Mikrophysik – Makrophysik, Physik – Chemie und Physik – Biologie. Das heute schon sehr genau untersuchte Verhältnis Mikrophysik – Makrophysik [13; 14] kann uns somit als ein Modell für die Analyse des Zusammenhangs von Komplexität und Bewegungsform dienen.

Man hat sich fast ein Jahrhundert im Rahmen der statistischen Mechanik bemüht, die zu den thermodynamischen Größen korrespondierenden Mittelwerte über die statistischen Gesamtheiten auf mechanische bzw. quantenmechanische Mittel zurückzuführen. Dieses Problem ist als Ergodenproblem bekannt. Trotz großer Bemühungen ist diese Reduktion nicht vollständig gelungen, und man neigt daher heute zu einer axiomatischen Begründung der statistischen Thermodynamik. Unseres Erachtens spricht das für eine qualitative Verschiedenheit von Mechanik und Thermodynamik. Die Deduktion ist ein sinnvolles Problem, denn alle makrophysikalischen Systeme sind komplexe Systeme, deren Elemente, die Atome und Moleküle, den Gesetzen der Mechanik bzw. Quantenmechanik folgen. Im komplexen System treten aber qualitativ neue Begriffe (Temperatur, Entropie usw.), neue Konzeptionen und Fragestellungen auf, die nicht restlos deduzierbar sind. Ebenso verhält es sich im Bereich der Thermodynamik irreversibler Prozesse. Die mechanischen Gesetze sind bekanntlich reversibel, d. h., sie lassen Bewegungsumkehr zu. Die irreversiblen Gesetze, denen die komplexen makrophysikalischen Systeme genügen, können somit grundsätzlich nicht vollständig aus den reversiblen mechanischen Gesetzen reduziert werden. Dieses Argument wurde bereits vor 100 Jahren von Loschmidt als sogenannter Umkehreinwand vorgetragen und ist heute noch voll gültig.

Nach den Analysen von Zwanzig, Ludwig, Balescu u. a. lassen sich irreversible Gleichungen nur unter bestimmten Annahmen über die Anfangsbedingungen herleiten, z. B., daß diese nur grobe Information über das System enthalten.

Eine volle Deduktion der irreversiblen Gleichungen der Makrophysik aus reversiblen mikrophysikalischen Gesetzen gelingt somit nicht. Es bleibt ein Rest offen, der den Charakter eines neuen Ordnungsprinzips hat, welches die Prozesse mit positiver Entropieproduktion auszeichnet. [13; 14] Die Analyse des Verhältnisses von Quantenmechanik und Thermodynamik zeigt somit das Vorhandensein neuer Begriffe, Verhaltensweisen und zusätzlicher Ordnungsprinzipien, welche quantenmechanisch mögliche Strukturen und Verhaltensweisen des komplexen makrophysikalischen Systems in bestimmter Weise einschränken.

Es darf angenommen werden, daß sich das Verhältnis der Quantenmechanik zur Chemie und anderen Naturwissenschaften in ähnlicher Weise verstehen läßt, obwohl hier noch viele Fragen offen sind. Die chemischen Systeme sind komplexe Systeme, die aus Kernen und Elektronen bestehen. Obwohl die Kerne und Elektronen der Quantenmechanik folgen und deren Gesetze nicht verletzen, treten im komplexen Gesamtsystem neue Begriffe, Verhaltensweisen und möglicherweise neue Ordnungsprinzipien auf.

Es besteht offenbar ein enger Zusammenhang zwischen der Komplexität des Systems und dem Charakter der möglichen Bewegungsformen. Mit steigender Komplexität des Systems wächst die Mannigfaltigkeit der möglichen Reaktionsweisen der Ganzheit durch die Kombination der physikalischen Bewegungen der Teilsysteme. [15] Kollektive Verhaltensweisen gewinnen dabei eine immer größere Bedeutung. Die Bewegungsformen einer komplexen Ganzheit entstehen somit einerseits durch die Kombination der niedrigeren physikalischen Bewegungsformen, andererseits zeigen die kollektiven Bewegungsformen jedoch eine gewisse Spezifik durch die

Auszeichnung ganz bestimmter Verhaltensweisen des Kollektivs. Die Beschreibung der Verhaltensweisen und Eigenschaften bestimmter Kollektive erfordert die Einführung neuer Begriffe, Fragestellungen und Konzeptionen, die in der Physik nicht enthalten sind. Hierdurch ist bereits die qualitative Selbständigkeit der höheren Bewegungsformen begründet. Die spezifischen Gesetze komplexer Systeme schränken die rein kombinatorisch möglichen Reaktionsweisen der Gesamtheit auf wenige systemspezifische kollektive Verhaltensweisen ein. Dabei treten keine Verletzungen der physikalischen Gesetzmäßigkeiten auf. Die systemspezifischen Gesetze sind zumindest zum Teil physikalisch deduzierbar. Inwieweit hierbei in Analogie zum Übergang Mikrophysik – Makrophysik neue Ordnungsprinzipien auftreten, die den Charakter eines Verbotes gewisser physikalisch möglicher Reaktionsweisen tragen, kann heute noch nicht endgültig geklärt werden.

Chemische, biologische, geologische, kosmologische und soziale Systeme sind vom Standpunkt der Physik aus als komplexe Ganzheiten bzw. Kollektive anzusehen, deren Bewegungsformen qualitative Besonderheiten zeigen. Zur Zeit sind nur einige Aspekte des Verhältnisses der Physik zu diesen besonderen Bewegungsformen geklärt. Die Lösung der zahlreichen offenen Probleme erfordert eine kollektive Arbeit von Philosophen und Naturwissenschaftlern.

Literatur

[1] Marx/Engels, Werke, Bd. 20, Berlin 1962, S. 513

[2] H. Ley, R. Löther (Hrsg.), Mikrokosmos — Makrokosmos, Berlin 1967

[3] V. A. Ambarcumjan et al. (Hrsg.), Prostranstvo, Vremja, Dviženе, Moskva 1971

[4] Ebenda, S. 344: I. V. Kuznecov, Spezifičeskie čerti fizičeskich form dviženij materii

[5] P. A. M. Dirac, Proc. Roy. Soc. (London) A 123, 714 (1929)

[6] M. Eigen, Naturwiss. 58, 465 (1971)
M. Eigen, Vorwort zu J. Monod, Zufall und Notwendigkeit, München 1971

[7] E. M. Schustorowitsch, Neues aus der Theorie der chemischen Bindung, Leipzig 1970, S. 18

[8] Ebenda, S. 23–24

[9] G. Ludwig, Das Naturwissenschaftliche Weltbild des Christen, Verlag A. Fromm, Osnabrück 1962
[10] Ebenda, S. 96
[11] H. Hartmann, Die Bedeutung quantenmechanischer Modelle für die Chemie, Wiesbaden 1965
[12] W. Haberditzl, H. Laitko, Wiss. Z. Humboldt-Univ. 16 (1967), H. 6; H. Laitko, W. D. Sprung, Chemie und Weltanschauung, Leipzig 1970
[13] W. Ebeling, Reversibilität und Irreversibilität in der Physik, Wiss. Z. Univ. Rostock, Math.-Nat. Reihe, 13 (1964) 185
[14] W. Ebeling, D. Kremp, H. Parthey, H. Ulbricht, Reversibilität und Irreversibilität als physikalisches Problem in philosophischer Sicht, Wiss. Z. Univ. Rostock (G-W. Reihe) 19 (1970), H. 1, S. 127
[15] W. Ebeling, Die Gesetze der Makrophysik und ihr Verhältnis zur Quantenmechanik, Wiss. Z. Humboldt-Univ. 4/5 (1965) 593

Günter Asser

Formalisierung, Modellierung und Mathematisierung aus der Sicht der mathematischen Grundlagenforschung

Im vorliegenden Beitrag sollen einige philosophische Probleme der Wissenschaftstheorie behandelt werden, die im weiteren Sinne das Gebiet der Logik betreffen. Dabei soll versucht werden, auf einer materialistischen Grundposition und aus der Sicht der mathematischen Grundlagenforschung die Rolle von Formalisierung, Modellierung und Mathematisierung in den Einzelwissenschaften zu erklären. Die folgenden Ausführungen vermitteln keine grundlegend neuen Ergebnisse der mathematischen Grundlagenforschung. Sie verfolgen vielmehr den Zweck, einem größeren Kreis von philosophisch interessierten Lesern Wesen und Bedeutung der Formalisierung und des Modellbegriffs in der mathematischen Grundlagenforschung darzulegen. Nicht zuletzt geht es uns darum, diese Begriffe von einem gewissen Nimbus zu befreien, mit denen sie nicht selten umgeben werden.

Philosophische Grundlage für unsere Ausführungen ist die Abbildtheorie Lenins[1], nach der Erkenntnis die Widerspiegelung der von unserem Bewußtsein unabhängigen Realität in unserem Denken ist. Dabei besitzen wir Menschen die Fähigkeit, uns durch die Sprache über das Erkannte zu verständigen. Hierdurch wird der Prozeß der Erkenntnisgewinnung zu einem gesellschaftlichen Prozeß. Wir können hier nicht auf die komplizierten Beziehungen zwischen Denken und Sprache eingehen, auf deren grundsätzliche Bedeutung schon Marx und Engels hingewiesen haben.[2] Sicher ist jedenfalls, daß wir Menschen uns in *Aussagen* über Verhältnisse der Realität verständigen können. Liegt der in einer Aussage formulierte Sachverhalt in der Realität vor, so bezeichnen wir die Aussage als *wahr*, liegt er nicht vor, so bezeichnen wir sie als *falsch*. Damit knüpfen wir an den alten Aristotelischen Wahrheitsbegriff an. Kriterium für die Wahrheit einer Aussage ist hiernach ihr Übereinstimmen mit der Realität, die Praxis.

Eine weitere philosophische Grundposition ist, daß wir überzeugt sind, daß die von unserem Bewußtsein unabhängige Realität in einer bestimmten Weise strukturiert ist. Als Hauptanliegen der Erkenntnisgewinnung sehen wir es an, diese Struktur aufzudecken, nicht zuletzt mit dem Ziel, durch geplante Eingriffe in diese Struktur, im Prozeß der Arbeit, die realen Verhältnisse zum allseitigen Wohl der Menschen zu gestalten.

Im Zusammenhang mit dem Gesagten sei bemerkt, daß die Widerspiegelung der Realität im Bewußtsein der Menschen stets eine mehr oder minder starke Vergröberung der wirklichen Verhältnisse ist. Im Zuge der historischen Entwicklung werden jedoch die Erkenntnisse laufend vervollkommnet, so daß die Abbilder die Realität immer besser erfassen. Das hat zur Folge, daß eine Aussage, die wir auf Grund des heutigen Standes der Erkenntnis für eine unumstößliche Wahrheit halten, schon morgen falsch sein kann bzw. – und das ist nahezu der Regelfall – sich nur unter präzisierenden Nebenbedingungen als wahr erweist. Diese Auffassung hat nichts mit den neopositivistischen Ansichten von einem auf ein semantisches System relativierten Wahrheitsbegriff zu tun. Sie ist vielmehr Ausdruck der materialistischen Dialektik im Erkenntnisprozeß.

Es sei schließlich noch hervorgehoben, daß die zutiefst optimistische Grundposition des dialektischen Materialismus die grundsätzliche Erkennbarkeit der objektiven Realität postuliert, d. h., daß die Menschheit im fortschreitenden Erkenntnisprozeß den wirklichen Verhältnissen der Realität, der objektiven Wahrheit, immer näher kommt.

Bekanntlich gibt es nun zwei Möglichkeiten, die Wahrheit einer Aussage nachzuprüfen: die direkte Methode des „Experiments", indem man in der Realität nachprüft, ob der in der Aussage behauptete Sachverhalt vorliegt, sowie die indirekte Methode, bei der man die behauptete Aussage durch logische Schlüsse aus bereits als wahr erkannten oder angenommenen Aussagen herleitet (beweist). Beide Methoden sind von grundlegender Bedeutung. Die direkte Methode ist erforderlich, um erst einmal zu einem ausreichenden Vorrat an wahren Aussagen für nachfolgende Deduktionen zu gelangen. Die indirekte Methode kann uns insbesondere dann weiterhelfen, wenn die Anwendung der direkten Methode an objektiven Schwierigkeiten scheitert, was in den Naturwissenschaften nicht selten der Fall ist (man denke z. B. an die Bestimmung der Temperatur oder der chemischen Zusammensetzung eines Fixsternes), oder sich aus humanitären Gründen verbietet. Die indirekte Methode ist aber insbesondere auch dann von Bedeutung, wenn wir zunächst mangels ausreichender Erkenntnisse über die objektiven Verhältnisse der Realität gewisse Aussagen als Hypothesen oder Axiome setzen und uns nach Prüfung der aus ihnen gezogenen Schlußfolgerungen für oder gegen diese Hypothesen oder Axiome entscheiden.

Es hat in der Philosophie, von Aristoteles bis in unsere Tage, nicht an Bemühungen gefehlt, das Phänomen des logischen Schließens zu erklären. Den entscheidendsten Beitrag hierzu hat sicher die mathematische Grundlagenforschung der letzten 100 Jahre und speziell die mathematische Logik geliefert. Es soll dabei nicht verschwiegen werden, daß es zahlreiche Versuche gab und gibt, gesicherte Resultate der mathematischen Grundlagenforschung als Kronzeugen für falsche philosophische Grundpositionen und gegen eine materialistische Auffassung zu mißbrauchen. Insbesondere verstehen das die Neopositivisten ganz ausgezeichnet, wobei man ihnen vielfach solides Faktenwissen nicht absprechen kann, und nicht selten sind profilierte Fachvertreter der mathematischen Grundlagenforschung zugleich offen oder versteckt Anhänger einer positivistischen Ideologie.

Nun aber zu unserem ersten Problem: Wir haben behauptet, daß die Wahrheit einer Aussage darin besteht, daß sie – evtl. innerhalb gewisser Ungenauigkeitsschranken – Verhältnisse der objektiven Realität richtig beschreibt. Wir glauben ferner, daß wir von wahren Aussagen durch logisches Schließen stets zu Aussagen gelangen, die denselben Grad von Wahrheit haben wie die Aussagen, von denen wir ausgegangen sind. Wenn das aber der Fall ist, so muß doch den Schlußregeln etwas innewohnen, das diesen Glauben rechtfertigt. Der Hinweis, daß diese Schlußregeln sich vieltausendfach bewährt haben, kann zwar als pragmatische Begründung dienen, ist aber natürlich keine wissenschaftliche Antwort auf die gestellte Frage und läßt z. B. völlig offen, ob nicht vielleicht in näherer oder fernerer Zukunft mit der Entdeckung völlig neuartiger logischer Schlußregeln zu rechnen ist und wie diese dann zu rechtfertigen wären.

Wir wollen nun ausführen, wie durch ein Hauptresultat der mathematischen Logik, das eine gewisse Weiterführung des berühmten Gödelschen Vollständigkeitssatzes[3] darstellt, eine genaue Abgrenzung der „erlaubten" Schlußregeln der klassischen Logik gewonnen wird. Dieses Resultat erscheint insbesondere aus der Sicht einer materialistischen Begründung der Logik außerordentlich befriedigend und unterscheidet sich grundlegend von zahllosen philosophischen Erklärungsversuchen der Logik. Es besagt, schlicht ausgedrückt, daß bei geeigneter Fassung des Beweisbarkeitsbegriffs eine Aussage H genau dann im Sinne der klassischen Logik aus einer Menge X von Aussagen beweisbar, d. h. durch logische Schlüsse herleitbar ist, wenn H in jedem Modell der Menge X wahr ist. Für den zuletzt genannten Sachverhalt, daß also H in jedem Modell der Menge X wahr ist, sagt man nach Tarski[4] auch, daß H aus der Menge X *folgt*. Damit können wir den Hauptsatz der mathematischen Logik kurz folgendermaßen formulieren[5]:

$$X \; Bew \; H \Leftrightarrow X \; Flg \; H.$$

Zur Erläuterung dieses Satzes merken wir zunächst an, daß man die Aussagen, denen wir im täglichen Leben und insbesondere in abgegrenzten wissenschaftlichen und hier speziell in mathematischen Theorien begegnen – und auf diesen letzten Fall wollen wir uns besonders orientieren, da hierfür unsere Ausführungen den größten Grad von Bestimmtheit besitzen –, nach einer gewissen sprachlichen Normierung in im Sinne der Prädikatenlogik logisch unzerlegbare Elementarausdrücke zerlegen kann. Diese Normierung und Zerlegung hat den Zweck, die genaue logische Struktur der Aussagen aufzudecken, und ist das, was heute allgemein als *Formalisierung* bezeichnet wird. Es wird dabei bewußt vom konkreten Inhalt der Aussagen abstrahiert und ihre logische Struktur in den Mittelpunkt der Betrachtungen gestellt. Im Fall einer wohlabgegrenzten Theorie sind die Elementarausdrücke die sprachliche Widerspiegelung der Eigenschaften und Beziehungen (Relationen) zwischen den untersuchten Objekten, die nicht logisch auf einfachere Eigenschaften und Beziehungen zurückgeführt werden, die also im wesentlichen die Grundbegriffe der Theorie ausmachen. Unter einem *Modell* für eine Menge X von (formalisierten) Aussagen wird dann eine beliebige *Interpretation* der in den Elementarausdrücken der Menge X auftretenden Bezeichnungen (Symbole) für Eigenschaften bzw. Relationen durch bestimmte Eigenschaften und Relationen für bestimmte Objekte verstanden, bei der alle Aussagen der Menge X wahr werden. Dieser Modellbegriff ist heute in der Mathematik allgemein verbindlich und anerkannt. Wir meinen, daß sich dieser Auffassung auch der Modellbegriff der Naturwissenschaften unterordnen läßt, wenn man die vermittelnde Rolle der Sprache berücksichtigt.[6] Daß eine Aussage H aus einer Menge X von Aussagen folgt, bedeutet also, daß bei jeder derartigen Interpretation, bei der alle Aussagen aus X wahr werden, auch die Aussage H wahr wird.

Wir wollen das Gesagte durch ein Beispiel illustrieren. Dazu betrachten wir die folgenden zunächst umgangssprachlich formulierten Aussagen der euklidischen Geometrie der Ebene[7]:

(1a) *Durch je zwei Punkte geht wenigstens eine Gerade.*

(1b) *Durch je zwei Punkte geht höchstens eine Gerade.*

(2) *Auf jeder Geraden liegen wenigstens zwei Punkte.*

(3) *Es gibt drei Punkte, die nicht auf einer Geraden liegen.*

(4a) *Zu jeder Geraden gibt es durch jeden nicht auf ihr gelegenen Punkt wenigstens eine Gerade, die mit der ersten keinen Punkt gemeinsam hat (zu dieser parallel ist).*

(4b) *Zu jeder Geraden gibt es durch jeden nicht auf ihr gelegenen Punkt höchstens eine Parallele.*

Die konjunktive Verknüpfung der Aussagen (1a) und (1b) bzw. (4a) und (4b) bedeutet offenbar

(1) *Durch je zwei Punkte geht genau eine Gerade*

bzw.

(4) *Zu jeder Geraden gibt es durch jeden nicht auf ihr gelegenen Punkt genau eine Parallele.*

In den Aussagen (1) bis (4) ist von zwei Sorten von Objekten die Rede, nämlich von *Punkten* und *Geraden*, die wir bei der nachfolgenden Formalisierung durch große bzw. kleine Buchstaben symbolisieren werden (A, B, C, ... für Punkte;

g, *h*, ... für Gerade). Als Grundbeziehung zwischen diesen Objekten tritt neben der von uns als logische Beziehung angesehenen Gleichheit (Identität) – sie wird im folgenden durch das Zeichen „=" symbolisiert – eine zweistellige Beziehung zwischen Punkten und Geraden auf, die von uns umgangssprachlich durch die Wörter *„liegt auf"* und *„geht durch"* wiedergegeben wurde und die bei der von uns gemeinten Bedeutung der Aussagen (1) bis (4) synonym verwendet werden (aus der formalisierten Fassung der Aussagen (1) bis (4) wird das eindeutig zu entnehmen sein, aus der umgangssprachlichen Formulierung ist es das keineswegs); bei der nachfolgenden Formalisierung wollen wir diese zweistellige Inzidenzbeziehung durch „*A auf g*" symbolisieren. Schließlich verwenden wir zur Symbolisierung der logischen Verknüpfungen *„nicht"* (Negation), *„und"* (Konjunktion), *„wenn, so"* (Implikation), *„für jedes"* (Generalisierung), *„es gibt (wenigstens) ein"* (Partikularisierung) die Zeichen „$\neg$", „$\wedge$", „$\rightarrow$", „$\forall$", „$\exists$". Dann können wir die Aussagen (1) bis (4) in formalisierter Form folgendermaßen schreiben:

(1a) $\forall A \forall B (A \neq B \rightarrow \exists g (A \text{ auf } g \wedge B \text{ auf } g))$.

(1b) $\forall A \forall B \forall g_1 \forall g_2 (A \neq B \wedge A \text{ auf } g_1 \wedge B \text{ auf } g_1 \wedge A \text{ auf } g_2 \wedge B \text{ auf } g_2 \rightarrow g_1 = g_2)$.

(2) $\forall g \exists A \exists B (A \neq B \wedge A \text{ auf } g \wedge B \text{ auf } g)$.

(3) $\exists A \exists B \exists C (A \neq B \wedge A \neq C \wedge B \neq C \wedge \neg \exists g (A \text{ auf } g \wedge B \text{ auf } g \wedge C \text{ auf } g))$.

(4a) $\forall A \forall g (\neg A \text{ auf } g \rightarrow \exists h (A \text{ auf } h \wedge h \parallel g))$.

(4b) $\forall A \forall g \forall h_1 \forall h_2 (\neg A \text{ auf } g \wedge A \text{ auf } h_1 \wedge A \text{ auf } h_2 \wedge h_1 \parallel g \wedge h_2 \parallel g \rightarrow h_1 = h_2)$.

Dabei ist „$A \neq B$" eine Abkürzung für „$\neg A = B$" und „$h \parallel g$" eine Abkürzung für „$\neg \exists C (C \text{ auf } g \wedge C \text{ auf } h)$", d. h., Verschiedenheit und Parallelität sind keine Grundbegriffe, sondern mit Hilfe der Grundbegriffe Gleichheit und Inzidenz *definierte* Begriffe (in einer verbreiteten Terminologie: abgeleitete Begriffe). Aus der formalisierten Schreibweise ist die logische Struktur der betrachteten Aussagen klar ersichtlich. Zugleich sind durch die Formalisierung gewisse Mehrdeutigkeiten beseitigt, die die umgangssprachlichen Formulierungen noch offen lassen, z. B., daß die Punkte *A*, *B*, *C* in (3) paarweise verschieden sein sollen (zum präzisen Gebrauch der Umgangssprache: sonst wären es nicht d r e i Punkte!).

Ein *Modell* für die Menge aus den Aussagen (1) bis (4) besteht aus zwei Mengen $\mathfrak{P}$ und $\mathfrak{G}$ von bestimmten Objekten, den „Punkten" und „Geraden" des Modells, mit einer zweistelligen Relation zwischen Elementen aus $\mathfrak{P}$ und $\mathfrak{G}$, der „Inzidenzrelation" des Modells, so daß bei Interpretation der Punkte bzw. Geraden durch Elemente aus $\mathfrak{P}$ bzw. $\mathfrak{G}$ und der Elementarausdrücke „*A auf g*" mittels der Inzidenzrelation des Modells die Aussagen (1) bis (4) wahr werden. Das in einem bestimmten Sinne kleinste Modell für die Aussagen (1) bis (4) erhält man, wenn man die vier Zahlen 1, 2, 3, 4 als „Punkte", die sechs Zweiermengen[8] $\{1, 2\}$, $\{1, 3\}$, $\{1, 4\}$, $\{2, 3\}$, $\{2, 4\}$, $\{3, 4\}$ als „Geraden" und die Elementbeziehung als „Inzidenz" nimmt. In diesem Modell „inzidieren" z. B. die „Punkte" 2 und 4 und nur diese mit der „Geraden" $\{2, 4\}$. Man prüft leicht nach, daß bei dieser Interpretation die Aussagen (1) bis (4) sämtlich wahr werden. Sind α, β zwei verschiedene „Punkte" unseres Modells, so ist die Zweiermenge $\{\alpha, \beta\}$ eine „Gerade" unseres Modells, die mit den „Punkten" α, β „inzidiert", und es ist $\{\alpha, \beta\}$ auch die einzige „Gerade" mit dieser Eigenschaft (z. B. „inzidiert" mit den „Punkten" 2 und 4 die „Gerade" $\{2, 4\}$ und nur diese); die Aussagen (1a) und (1b) sind also in unserem Modell wahr, d. h., sie beschreiben Sachverhalte, die in unserem Modell vorliegen. Ist $\{\alpha, \beta\}$ eine beliebige „Gerade" unseres Modells, so „inzidieren" mit ihr die beiden „Punkte" α und β (z. B. „inzidieren" mit der „Geraden" $\{1, 3\}$ die beiden „Punkte" 1 und 3), d. h., auch die Aussage (2) ist in unserem Modell wahr. Ferner sind z. B. 1, 2, 3 drei „Punkte" unseres Modells, zu denen keine „Gerade" existiert, mit der alle drei „Punkte" „inzidieren" (z. B. „inzidiert" die „Gerade" $\{1, 2\}$ zwar mit den „Punkten" 1 und 2, nicht aber mit dem „Punkt" 3), d. h., auch die Aussage (3) ist in unserem Modell wahr. Es sei schließlich $\{\alpha, \beta\}$ eine beliebige „Gerade" unseres Modells (z. B. die „Gerade" $\{1, 2\}$) und γ ein beliebiger „Punkt", der nicht mit $\{\alpha, \beta\}$ „inzidiert" (z. B. der „Punkt" 3), dann sind α, β, γ drei der vier „Punkte" unseres Modells; ist δ der verbleibende vierte „Punkt" (im Beispiel der „Punkt" 4), so ist $\{\gamma, \delta\}$ eine „Gerade" unseres Modells, mit der γ „inzidiert" und die zu $\{\alpha, \beta\}$ „parallel" ist (also mit $\{\alpha, \beta\}$ keinen „Punkt" gemeinsam hat!), und $\{\gamma, \delta\}$ ist offenbar auch die einzige „Gerade" unseres Modells mit dieser Eigenschaft. Mithin sind in unserem Modell auch die Aussagen (4a) und (4b) wahr.

Wir wollen das behandelte Beispiel benutzen, um den Inhalt des Hauptsatzes der mathematischen Logik zu verdeutlichen.

Zunächst merken wir an, daß in dem von uns betrachteten Modell der Aussagen (1) bis (4) auch die folgende Aussage wahr ist:

(5) *Durch jeden Punkt gehen wenigstens drei Geraden,*

oder in formalisierter Form:

(5) $\forall P \exists g_1 \exists g_2 \exists g_3 (g_1 \neq g_2 \wedge g_1 \neq g_3 \wedge g_2 \neq g_3 \wedge P$ *auf* $g_1 \wedge P$ *auf* $g_2 \wedge P$ *auf* $g_3)$.

Wir zeigen nun schärfer, daß die Aussage (5) sogar in jedem Modell der Aussagen (1) bis (4) wahr ist, oder anders ausgedrückt, daß die Aussage (5) aus den Aussagen (1) bis (4) folgt. Nach dem Hauptsatz ist das gleichwertig damit, daß die Aussage (5) aus den Aussagen (1) bis (4) (durch logisches Schließen) beweisbar ist. Wir werden daher einen logischen Beweis der Aussage (5) aus den Aussagen (1) bis (4) führen, und zwar so, wie man das üblicherweise in der Schulmathematik tut: Es sei also P ein beliebiger Punkt. Wir beweisen als erstes, daß Punkte Q und R existieren, so daß P, Q, R paarweise verschieden sind und nicht auf einer Geraden liegen. Nach Aussage (3) existieren Punkte A, B, C, die paarweise verschieden sind und nicht auf einer Geraden liegen. Ist P einer dieser Punkte (z. B. der Punkt A), so leisten die beiden anderen Punkte (im Beispiel B und C) das Verlangte. Ist dagegen P verschieden von den Punkten A, B, C und liegen P, A, B nicht auf einer Geraden, so leisten A und B das Verlangte. Ist schließlich P verschieden von A, B, C und liegen P, A, B auf einer Geraden g, so leisten A und C das Verlangte; denn würden P, A, C auf einer Geraden h liegen, so wäre wegen $P \neq A$ nach Aussage (1b) offenbar $g = h$, und es würden A, B, C auf der Geraden g liegen, im Widerspruch zur Wahl der Punkte A, B, C. Man beachte, daß wir hier maßgeblich die Aussage (1b) verwandt haben. Also ist aus den Aussagen (1b) und (3) beweisbar:

(6) $\forall P \exists Q \exists R (P \neq Q \wedge P \neq R \wedge Q \neq R \wedge \neg \exists g (P$ *auf* $g \wedge Q$ *auf* $g \wedge R$ *auf* $g))$.

Hiermit erhalten wir unter Verwendung der Aussage (1a) sofort:

(7) $\forall P \exists g_1 \exists g_2 (g_1 \neq g_2 \wedge P \textit{ auf } g_1 \wedge P \textit{ auf } g_2)$.

Denn nach (1a) existiert wegen $P \neq Q$ eine Gerade g_1, so daß P und Q auf g_1 liegen, und analog wegen $P \neq R$ eine Gerade g_2, so daß P und R auf g_2 liegen; dabei muß $g_1 \neq g_2$ sein, da andernfalls P, Q, R auf einer Geraden lägen, im Widerspruch zu (6).

Unter Benutzung von (4a) erhalten wir aus (6) und (7) leicht die Aussage (5). Denn wegen $Q \neq R$ existiert nach (1a) eine Gerade h, so daß Q und R auf h liegen, während natürlich P nicht auf h gelegen ist (da sonst P, Q, R auf einer Geraden lägen). Mithin gibt es nach Aussage (4a) eine Gerade g_3 durch P, die mit h keinen Punkt gemeinsam hat (zu h parallel ist), und diese ist verschieden von g_1 und g_2; denn im Fall $g_1 = g_3$ hätten g_3 $(= g_1)$ und h den Punkt Q gemeinsam und im Fall $g_2 = g_3$ hätten g_3 $(= g_2)$ und h den Punkt R gemeinsam.

Wir betonen, daß sich der dargelegte Beweis der Aussage (5) aus den Aussagen (1) bis (4) (genauer (1), (3); (4a)) methodisch grundlegend von dem Nachweis unterscheidet, daß (5) im oben konstruierten Modell der Aussagen (1) bis (4) wahr ist.

Im betrachteten Modell ist außerdem auch die folgende Aussage wahr:

(8) *Auf keiner Geraden liegen drei Punkte*

oder formalisiert:

$$(8) \quad \neg \exists g \exists A \exists B \exists C (A \neq B \wedge A \neq C \wedge B \neq C \wedge A \textit{ auf } g \wedge B \textit{ auf } g \wedge C \textit{ auf } g).$$

Im Gegensatz zu (5) ist (8) keineswegs aus (1) bis (4) beweisbar. Zum Nachweis hierfür genügt es auf Grund des Hauptsatzes zu beweisen, daß (8) nicht aus (1) bis (4) folgt, d. h. (8) nicht in jedem Modell der Aussagen (1) bis (4) wahr ist, d. h. ein Modell für die Aussagen (1) bis (4) existiert, in dem (8) falsch ist, in dem also wenigstens eine „Gerade" mit mindestens drei „Punkten" „inzidiert". Ein derartiges Modell ist die übliche euklidische Ebene der analytischen Geometrie. In diesem Modell gibt es auf jeder Geraden unendlich viele Punkte. Ein endliches Modell erhält man, wenn man die neun Zahlen 1, 2, 3, 4, 5, 6, 7, 8, 9 als „Punkte", die zwölf Dreiermengen $\{1, 2, 3\}$, $\{1, 4, 7\}$, $\{1, 5, 9\}$, $\{1, 6, 8\}$, $\{2, 4, 9\}$,

$\{2, 5, 8\}$, $\{2, 6, 7\}$, $\{3, 4, 8\}$, $\{3, 5, 7\}$, $\{3, 6, 9\}$, $\{4, 5, 6\}$, $\{7, 8, 9\}$ als „Gerade“ und wiederum die Elementbeziehung als „Inzidenz“ nimmt. Man prüft mühelos nach, daß auch bei dieser Interpretation die Aussagen (1) bis (4) wahr werden, während natürlich die Aussage (8) falsch ist; denn in dem zuletzt betrachteten Modell „inzidiert“ jede „Gerade“ mit genau drei „Punkten“.

Die Aufgabe, für die Aussagen (1) bis (4) endliche Modelle zu finden, in denen jede „Gerade“ mit einer vorgegebenen Anzahl k von „Punkten“ „inzidiert“, ist keineswegs für jedes k lösbar. Die Unlösbarkeit der Aufgabe für $k = 6$ hängt eng mit der Unlösbarkeit des bekannten Eulerschen Problems von den 36 Offizieren zusammen[9]. Eine Antwort auf die Frage, für genau welche Werte von k die Aufgabe eine positive Lösung besitzt, steht bis heute noch aus (schon der Fall $k = 10$ ist unseres Wissens ungeklärt). Wir merken an, daß die genannte Aufgabe ein Spezialfall für die Aufstellung sogenannter Blockpläne ist, wie sie z. B. bei der Planung biologischer und landwirtschaftlicher Experimente benötigt werden.

Lassen wir in dem zuerst betrachteten Modell den „Punkt“ 4 und die „Geraden“ $\{1, 4\}$, $\{2, 4\}$, $\{3, 4\}$ fort, so erhalten wir ein Modell für die Aussagen (1) bis (3), in dem keine „Gerade“ eine „Parallele“ besitzt, in dem also die Aussage (4a) falsch ist (während natürlich (4b) trivial gilt, denn wenn keine „Gerade“ eine „Parallele“ hat, so hat jede „Gerade“ höchstens eine „Parallele“). Damit ist gezeigt, daß die Aussage (4a) nicht aus den Aussagen (1) bis (3) und (4b) beweisbar ist, daß sie – wie man in der Metamathematik sagt – von diesen Aussagen *unabhängig* ist. Wir merken an, daß in dem hier betrachteten Modell auch die Aussage (7) wahr ist. Das ist nach dem, was wir bereits wissen, selbstverständlich, denn wir haben oben gezeigt, daß (7) aus (1) und (3) beweisbar ist, und mithin ist nach dem Hauptsatz (7) in jedem Modell der Aussagen (1) und (3) wahr, also speziell in dem betrachteten Modell. Andererseits ist die Aussage (5) in dem hier betrachteten Modell falsch. Daraus ergibt sich, daß auch die Aussage (5), die wir oben (unter maßgeblicher Benutzung von (4a) aus (1) bis (4) bewiesen haben, von den Aussagen (1) bis (3) und (4b) unabhängig ist; anders ausgedrückt: die Benutzung von (4a) im

Beweis von (5) aus (1) bis (4) ist wesentlich und kann bei keinem Beweis von (5) aus (1) bis (4) vermieden werden.

Nehmen wir zum ersten Modell dagegen einen „Punkt" 5 und die vier „Geraden" $\{1, 5\}$, $\{2, 5\}$, $\{3, 5\}$, $\{4, 5\}$ hinzu, so erhalten wir ein Modell für die Aussagen (1) bis (3) und (4a), in dem zu jedem nicht mit einer „Geraden" $\{\alpha, \beta\}$ „inzidierenden" „Punkt" γ genau zwei „Geraden" existieren, die mit γ „inzidieren" und zu $\{\alpha, \beta\}$ „parallel" sind, in dem also die Aussage (4b) falsch ist. Mithin ist auch (4b) von (1) bis (3) und (4a) unabhängig.

Nach diesem umfangreicheren Beispiel wollen wir uns wieder allgemeineren Betrachtungen zuwenden.

Der Modellbegriff und der auf ihm basierende Folgerungsbegriff sind ihrer Natur nach *semantische* Begriffe. Sie setzen voraus, daß die Aussagen (einer formalisierten Sprache) einer bestimmten Interpretation unterworfen werden, also als Aussagen über ganz bestimmte Objekte und Beziehungen zwischen diesen gedeutet werden, d. h. als Aussagen über eine von der Sprache unabhängige Realität. In diesem Sinne erfordert das Aufstellen eines Modells für eine Menge von Aussagen weit mehr als eine genaue Kenntnis des formalen Aufbaus (der Syntax) der Sprache. Wir empfehlen, unter diesem Aspekt nochmals das vorangehende Beispiel zu durchdenken und z. B. ein Modell für die Aussagen (1) bis (4) zu suchen, in dem mit jeder „Geraden" genau vier „Punkte" „inzidieren".

Der Beweisbarkeitsbegriff ist demgegenüber ein rein *syntaktischer* Begriff. Hier geht es darum, mit Hilfe gewisser formaler Schlußregeln eine behauptete Aussage H aus einer gegebenen Menge X von Aussagen herzuleiten, ohne dabei von einem konkreten Inhalt der Aussagen Gebrauch zu machen. Der oben dargestellte Beweis der Aussage (5) aus den Aussagen (1) bis (4) mag dafür als Beispiel dienen. Wir haben bei diesem Beweis an keiner Stelle davon Gebrauch gemacht, was denn die Punkte und Geraden eigentlich für Objekte sind und was die Redeweise „A *auf* g" bedeutet (ob es z. B. zulässig ist, daß ein Punkt zugleich auch eine Gerade sein kann oder nicht usw.). Insbesondere haben wir bei dem Beweis bewußt auf eine begleitende Zeichnung verzichtet (die sicher manches verdeutlicht hätte, die aber natürlich keine Beweiskraft hat), um nicht beim Leser die Assoziation zu erwecken, daß Punkte und Geraden unbedingt etwas seien, das man bildlich darstellen kann. Aus unserer Sicht hat eine solche Zeichnung bereits den Charakter eines speziellen Modells bzw. eines Fragments eines Modells, nämlich eines Modells, bei dem die „Punkte" bestimmte geschwärzte Stellen und die „Geraden" spezielle geschwärzte Linien auf dem Papier sind und „Inzidenz" eines „Punktes" mit einer „Geraden" bedeutet, daß die die „Gerade" repräsentierende Linie durch die den „Punkt" repräsentierende Stelle verläuft (das Ganze innerhalb gegebener Ungenauigkeitsschranken). Eine wesentliche Erkenntnis der mathematischen Logik ist nun, daß sich das logische Schließen (nicht das Denken!) voll formalisieren läßt, wobei man das gesamte logische Schließen auf einige wenige formale Schlußregeln reduzieren kann. Ein solcher formalisierter Beweisbarkeitsbegriff ist genaugenommen im Hauptsatz der mathematischen Logik gemeint. Der Unterschied zwischen einem formalisierten Beweisbarkeitsbegriff und dem nicht formalisierten logischen Schließen, wie es z. B. virtuos in der Mathematik praktiziert wird und mit dessen Hilfe wir oben (5) aus (1) bis (4) herleiteten, besteht vor allem darin, daß bei einem formalisierten Beweisbarkeitsbegriff die zugelassenen Beweismittel (Schlußregeln und evtl. logische Axiome) durch die Definition des Beweisbarkeitsbegriffs genau abgegrenzt werden – die Formalisierung ist dabei lediglich Mittel zum Zweck der genauen Abgrenzung –, während sie beim nicht formalisierten logischen Schließen weitgehend durch die individuellen Fähigkeiten des Schließenden begrenzt werden. Allerdings dürfte selbst der erfahrenste Mathematiker kaum über mehr als 100 primitive und gängige Schlußweisen verfügen, aus denen er seine komplizierten logischen Schlüsse zusammensetzt. Der unbestrittene Vorteil eines formalisierten Beweisbarkeitsbegriffs liegt insbesondere darin, daß alle nach ihm geführten Beweise voll kontrollierbar werden.

Der Hauptsatz beinhaltet damit einen tiefgreifenden Zusammenhang zwischen dem formalen Begriff der Beweisbarkeit, der aus methodischen Gründen bewußt vom Inhalt der Aussagen abstrahiert, und der Tatsache, daß die Aussagen primär die sprachliche Widerspiegelung von Sachverhalten der Realität sind. Durch ihn wird pünktlich beantwortet, in welchem Sinne Aussagen, die aus einer Menge X von Aussagen beweisbar sind, denselben Grad an Wahrheit besitzen wie die Aussagen der Menge X, aus denen sie bewiesen wurden. Der Hauptsatz widerlegt schließlich glänzend die These gewisser idealistischer Richtungen, daß die Schlußregeln der Logik den Charakter von Denknormen hätten, daß sie konventionalistischer Natur seien usw. Grundsätzlich ist an einen vernünftigen Beweisbarkeitsbegriff ausschließlich die Forderung zu stellen, daß für ihn der Hauptsatz gilt, d. h., daß einerseits mit Hilfe der verwendeten Schlußregeln und evtl. zusätzlicher logischer Axiome aus einer beliebigen Menge X von Aussagen nur solche Aussagen bewiesen werden können, die aus der Menge X folgen (*Widerspruchsfreiheit* oder *Soundness* der Schlußregeln und logischen Axiome), und andererseits diese Schlußregeln und logischen Axiome auch ausreichen, um alles das zu beweisen, was gefolgert werden kann (*Vollständigkeit* oder *Completeness* der Schlußregeln und logischen Axiome). Was man im konkreten Fall als primäre Schlußregeln oder logische Axiome verwendet, ist im Prinzip belanglos. Bei einem formalisierten Beweisbarkeitsbegriff mit mehr oder minder eingeschränkten (aber im Prinzip ausreichenden) Beweismitteln muß man zunächst einige Arbeit aufwenden, um sich mit den eingeschränkten Mitteln die beim nicht formalisierten Schließen üblicherweise verwendeten Beweismittel zu verschaffen. Das ist insbesondere dann der Fall, wenn man die primär zugelassenen Beweismittel soweit einschränkt, daß nichts mehr entbehrlich ist (die Schlußregeln und logischen Axiome *unabhängig* sind). Ist einmal der Anschluß erreicht, so sind die formalisierten Beweise im wesentlichen die formalisierte Nachbildung entsprechender nicht formalisierter Beweise.

Wir haben uns bei unseren bisherigen Diskussionen stillschweigend auf die sogenannte klassische zweiwertige Logik orientiert. Es sind jedoch eine große Anzahl von nichtklassischen Logiken bekannt, für die ein zum Hauptsatz analoges Resultat gilt, und der größte Teil der gegenwärtig erscheinenden Arbeiten zu nichtklassischen Logiken ist entsprechenden Fragestellungen gewidmet.

Wir wollen nun in groben Zügen darlegen, wie wir aus der Sicht der mathematischen Grundlagenforschung das allgemeine wissenschaftstheoretische Problem der *Modellierung* sehen.

Es wurde bereits einleitend darauf hingewiesen, daß wir im Gegensatz zum Positivismus davon überzeugt sind, daß die Realität in einer bestimmten Weise strukturiert ist, wobei diese Struktur eine wesentliche Daseinsform der Materie ist. Ein ureigenstes Anliegen der Wissenschaft ist es, diese Struktur zu erkennen. Durch Beobachtung der Realität werden uns jedoch zunächst nur unzusammenhängende Einzelfakten geliefert, aus denen es Rückschlüsse über die Struktur, d. h. über innere Zusammenhänge zu ziehen gilt. Ist uns das gelungen, so können wir auf Grund unserer Einsichten in die Struktur auf weitere Einzelfaktoren schließen, die uns bislang verborgen blieben. Die Struktur der Realität als Ganzes ist nun aber viel zu kompliziert, als daß auch nur zu erwarten wäre, sie vollständig, etwa durch eine „Weltformel" beschreiben zu können. Daher müssen wir zwangsläufig die Realität in kleine überschaubare Ausschnitte zerlegen, um aus der Struktur der einzelnen Teile auch gewisse Einblicke in das Ganze zu erhalten. Auf diesen wichtigen methodologischen Aspekt hat bereits Engels deutlich aufmerksam gemacht. Aber auch bei der Untersuchung der Teile ist es erforderlich, mehr oder minder starke Vergröberungen vorzunehmen, von gewissen Gegebenheiten bewußt oder wegen mangelnder Kenntnisse zu abstrahieren. Diese Vergröberungen laufen aber gerade darauf hinaus, daß wir an die Stelle der Realität ein Modell der Realität setzen, dessen Struktur als Abbild der Struktur der Realität angesehen wird. Die schrittweise Annäherung an die objektive Wahrheit im fortschreitenden Erkenntnisprozeß besteht aus dieser Sicht darin, daß wir zu immer feineren, immer adäquateren Modellen der Realität übergehen.

Unter den hier dargelegten Aspekten scheint es uns auch nicht schwer, das immer stärkere Eindringen der Mathematik in die Einzelwissenschaften zu erklären, das heute häufig durch das Schlagwort *Mathematisierung* umschrieben wird. Das Wesentliche hierbei ist keineswegs der Übergang von einer beschreibenden zu einer messenden Wissenschaft, wenngleich dies häufig der erste Schritt zu einer Mathematisierung ist. Es ist vielmehr so, daß sich die Mathematik selbst in den letzten 100 Jahren zu einer Wissenschaft entwickelt hat, deren eigentlicher Gegenstand das Studium allgemeiner abstrakter Strukturen ist. Damit produziert sie jedoch genau das, was der

Einzelwissenschaftler benötigt, wenn er sich um das Auffinden von Modellen für die Struktur bestimmter vergröberter Ausschnitte der Realität bemüht. Das eigentliche Wesen der sogenannten Mathematisierung ist daher unseres Erachtens darin zu sehen, daß man Verhältnisse der objektiven Realität mehr oder minder genau durch mathematische Modelle beschreibt und durch das Studium dieser mathematischen Modelle Rückschlüsse über die Struktur der Realität zu ziehen versucht.

Wir sind uns im klaren darüber, daß insbesondere die letzten Ausführungen eine starke Vereinfachung der wirklichen Situation darstellen. Es wird nicht selten die Ansicht vertreten, daß die Mathematik unter den Wissenschaften eine Ausnahmerolle spielt und daher ihre Erkenntnisse wissenschaftstheoretischer Natur nicht unmittelbar verallgemeinert werden können. Dabei wird allerdings leicht übersehen, daß die Mathematik erst im Verlauf einer mehr als zweitausend Jahre währenden Entwicklung zu dem wurde, als das sie sich uns heute darstellt. Wir meinen, daß die Erkenntnisse der mathematischen Grundlagenforschung durchaus über die Mathematik hinaus von Bedeutung sind, daß sie der Prototyp allgemeiner wissenschaftstheoretischer Problemstellungen sind.

Anmerkungen

1 Vgl. insbesondere W. I. Lenin, Materialismus und Empiriokritizismus, in: Werke, Bd. 14, Berlin 1962

2 Wir verweisen hierzu z. B. auf E. Albrecht, Sprache und Erkenntnis, Berlin 1967

3 K. Gödel, Die Vollständigkeit der Axiome des logischen Funktionenkalküls, Monatshefte d. Math. u. Phys. 37 (1930), 349–360

4 A. Tarski, Über den Begriff der logischen Folgerung, Actes congr. int. philos. sci. Sorbonne 1935, Actualités scientifiques et industrielles 394, 1–11, Paris 1936

5 Zur präzisen Definition der hier verwendeten Begriffe und zu einem ausführlichen Beweis des Hauptsatzes sowie der wichtigsten Folgerungen aus dem Hauptsatz verweisen wir auf unser Lehrbuch „Einführung in die mathematishe Logik II", Leipzig 1972

6 Wir verweisen hierzu auf den grundlegenden Beitrag von P. Suppes, A comparison of the meaning and uses of models in mathematics and the empirical sciences, Synthese 12 (1960), 287–301

[7] Die folgenden Aussagen (1) bis (3) sind die die ebene Geometrie betreffenden Axiome der Verknüpfung des Hilbertschen Axiomensystems für die Geometrie. Die Aussage (4b) ist das zum 5. Postulat des Euklid äquivalente Parallelenaxiom aus dem Hilbertschen Axiomensystem. Die Aussage (4a) ist bei Hilbert kein Axiom, da sie mit Hilfe der weiteren Hilbertschen Axiome beweisbar ist. Als weiterführende Literatur zu den Grundlagen der Geometrie seien genannt: D. Hilbert, Grundlagen der Geometrie, 8. Aufl., Stuttgart 1956. B. A. Rosenfeld, Axiome und Grundbegriffe der Geometrie, Enzyklopädie der Elementarmathematik, Bd. IV, deutsche Übersetzung: Berlin 1969. N. W. Efimow, Höhere Geometrie, deutsche Übersetzung: Berlin 1960.

[8] Die Zweiermenge α, β ist diejenige Menge, die die Objekte α, β und nur diese als Element enthält.

[9] Hierbei handelt es sich um die Aufgabe, 36 Offiziere aus 6 Regimentern und von 6 Dienstgraden, wobei keine zwei Offiziere aus demselben Regiment den gleichen Dienstgrad haben, so in einem Quadrat aufzustellen, daß in keiner Zeile oder Spalte Offiziere vom gleichen Dienstgrad oder aus demselben Regiment stehen. Die Unlösbarkeit dieser Aufgabe wurde 1901 von G. Tarry bewiesen.

HORST VÖLZ

Gedanken zum Informationsbegriff

„Informieren" gelangte im 15., 16. Jahrhundert in die deutsche Sprache. Es stammt vom lateinischen „informare" ab, was soviel wie „bilden, aufklären" bedeutet. [1] Eine erste wissenschaftliche Bestimmung des Terminus „Information" im Rahmen einer mathematischen Theorie wurde 1948 durch die grundlegende Arbeit von Shannon gegeben. [2] Diese Theorie schuf entscheidende Grundlagen für die bestmögliche Ausnutzung von technischen Nachrichtenkanälen und hatte damit auch unmittelbar technische Konsequenzen zur Folge. Das zugehörige Schrifttum zählt inzwischen wohl weit über tausend Arbeiten. Die mittels der Shannonschen Informationstheorie erreichten Gewinne und Erkenntnisse waren und sind so groß, daß sehr bald vielfältige Anwendungen auf anderen Gebieten, wie z. B. Sprache, Biologie, Optik, Physiologie, Psychologie, Pädagogik, Soziologie, Ökonomie, Leitungswissenschaften und Kunst versucht wurden. Die Erweiterungen zeigten gewisse Erfolge. Sie zeigten aber auch die Grenzen des Shannonschen Informationsbegriffs. Das Hauptproblem liegt wohl darin, daß bei den Shannonschen Methoden nur statistische und wahrscheinlichkeitstheoretische Betrachtungen möglich sind. Es kann dabei z. B. keine Aussage über den Inhalt, die Bedeutung oder den Nutzen einer Information gegeben werden. Aus diesem Grunde wird heute auf vielerlei Art an Verallgemeinerungen und Erweiterungen der Shannonschen Theorie gearbeitet. Es existieren ferner Versuche, die auf eine allgemeine Informationstheorie zielen. Mit einer derartigen Theorie wird gehofft, alle Informationsprobleme mit einer einheitlichen Methodik zu beschreiben. Da zur Zeit selbst der Begriff Information nicht ausreichend klar ist, hat der Autor hier erhebliche Bedenken.

Die Bildung des Shannonschen Informationsbegriffs ist zeitlich und inhaltlich eng mit dem Entstehen und der Entwicklung der Kybernetik verbunden. Die Informationstechnik und die Information selbst – also in Form ihrer nutzbaren Eigenschaften – sind ein wesentliches Teilgebiet der Kybernetik. Andererseits gehören zur Information aber auch Bezüge, die stärker in andere Wissensgebiete deuten. Zusammenhänge bestehen insbesondere mit philosophischen Begriffen wie Widerspiegelung, Abbild und Eigenschaften der Materie. [3] Durch die Kybernetik wurde deutlich, daß neben stofflichen und energetischen Austauschen zwischen Systemen auch zusätzliche informationelle Aspekte existieren können. Statt dies als Konkretisierung unseres materialistischen Weltbildes anzusehen, versuchten hieraus die Gegner des dialektischen Materialismus Vorteile zu konstruieren, indem sie behaupteten, Information sei ein weder zum Materiellen noch Ideellen gehörendes Drittes.

Ziel dieser Arbeit ist es, ausgehend von einigen philosophischen Grundlagen, den Inhalt des Begriffs Information möglichst weit zu erfassen. Dabei wird unter anderem versucht, das Verhältnis von „Information" und „Kommunikation" klarer abzugrenzen. Bei der Information wird versucht, zwischen zwei Aspekten deutlicher als bisher üblich zu unterscheiden: nämlich zwischen dem, was an physikalische Träger gebunden ist, und dem, was eine Wirkung im Empfangssystem auslöst. Mittels der Wirkung ist es möglich, eine qualitative Einteilung der Information zu definieren. Der Autor hofft, hiermit die bisher verwendete, aus der Semiotik übernommene Einteilung in syntaktische, semantische und pragmatische Information zu verbessern. Es bleibt abzuwarten, ob mittels dieser neuen Einteilung später eine exakte Formalisierung möglich wird. Auf dieser Basis ließen sich dann vielleicht ein oder mehrere quantitative Informationsmaße aufbauen, welche das jetzige Shannonsche Maß als Spezialfall enthalten.

Information und Entwicklungsstufen der Materie

Die dialektisch-materialistische Entwicklungskonzeption besagt, daß die Materie sich ständig verändert und dabei zu immer höheren und komplizierteren Bewegungsformen führt.

In grober Gliederung sind dabei die anorganische, die organische und die gesellschaftliche Entwicklungsstufe zu unterscheiden. [3] Dementsprechend sind heute auch drei Anschauungen zur Information gebräuchlich:

- Die Information stellt entweder eine allgemeine Eigenschaft der Materie dar,
- sie ist mit der Entstehung des Lebens gebildet worden oder
- sie hängt eng mit der Menschwerdung und der Ausbildung der menschlichen Sprache zusammen.

Begründungen für die einzelne Annahme ergeben sich häufig nur aus der Nützlichkeit beziehungsweise aus der notwendigen Breite für die jeweilige fachspezifische Anwendung des Begriffs Information. In diesem Zusammenhang sei daran erinnert, daß Heinrich Hertz den Begriff Kraft für unanschaulich hielt. Er entwickelte daher eine Mechanik, die ohne diesen Begriff auskam. [4; 5] Genau in diesem Sinne kann prinzipiell auch der Begriff Information weitgehend unterdrückt werden. Zuweilen geschieht aber auch das Gegenteil: einen Begriff möglichst vielfältig zu verwenden, weil er modern ist. Hierdurch wird er aber leer und hohl. Solche Tendenzen gab es unter anderem bezüglich „Information" vor dem VIII. Parteitag der SED. Es ist aber wichtig, zwischen der Nützlichkeit bzw. Notwendigkeit einer Anwendung des Begriffs der Information und seinem allgemein gültigen Inhalt deutlich zu unterscheiden. Für die Anwendung gibt es ein Optimum. Bezüglich des Inhalts entscheidet nur die sachliche Richtigkeit der Aussagen. In diesem Beitrag geht es um den Inhalt.

Bezüglich des Inhalts der Information gilt zunächst die Aussage, daß die Information ein spezieller Eigenschaftstyp aller Entwicklungsstufen der Materie ist. Sie steht im engen Zusammenhang mit der Leninschen Widerspiegelungstheorie. [3] Als grundlegende Kategorien für den Informationsbegriff können Unterschied, Identität, Relation und Ding gelten. [6] Ferner besitzen alle materiellen Systeme drei im Prinzip unabhängige Arten von Wechselwirkung, nämlich bezüglich Stoff-, Energie- und Informationsaustausch. Nur auf den Informationsaustausch wird hier noch genauer eingegangen.

Die Notwendigkeit, den Informationsbegriff zu verwenden, wird offensichtlich um so größer, je höher die Bewegungsform des betrachteten Systems ist. Vielleicht liegt dieser Feststellung sogar eine wesentliche Eigenschaft der Information zugrunde:

In den natürlichen anorganischen Systemen ist es nur in seltenen Fällen vorteilhaft, den Informationsbegriff anzuwenden.

Bereits im pflanzlichen Bereich liegen die Verhältnisse anders. Für die äußeren Erscheinungsformen ist es nur bedingt notwendig, von Information zu sprechen. Im genetischen Bereich ist aber jede Umschreibung der Information mit erheblichen Mehraufwand verbunden. Auch die kürzlich erschienene Arbeit von Eigen [7] bezüglich der Evolution kann nicht umhin, Informationen als wesentlich zu berücksichtigen. Im tierischen Bereich besteht zumindest bei höher entwickelten Arten ein so stark differenzierter Informationsaustausch, daß eine andere Beschreibung kaum noch möglich ist. Allgemein läßt sich vielleicht sagen, daß es den Organismen vor allem durch Informationsaufnahme und -nutzung möglich ist, ihre geno- und phänotypische Entwicklung (Ontogenese, Evolution) zu realisieren. Jedes Individuum gelangt mittels Information über seine Umwelt zu vorteilhaften Entscheidungen für sein Verhalten. Zuweilen wird für abgeschlossene und teilweise mit Leben erfüllte Systeme die Hypothese ausgesprochen, daß die Summe aus der Informationsentropie und der thermodynamischen Entropie konstant ist. Damit wäre u. a. erklärbar, daß Lebewesen die thermodynamische Entropie nur in scheinbarem Widerspruch zum zweiten Hauptsatz der Thermodynamik senken.

Für die gesellschaftlichen Systeme ist schließlich die Information sogar eine wesentliche Voraussetzung für ihre Existenz. Hierfür Beispiele zu bringen, erübrigt sich. Allein das Phänomen der Sprache ist ohne Information praktisch undenkbar. Sie dient ja fast ausschließlich der Informationsvermittlung zwischen Individuen.

Eine gewisse Sonderstellung nehmen die technischen Systeme ein. Sie müssen immer zweckmäßig strukturiert werden. Allein hierzu ist Information notwendig. Teilweise müssen sie gesteuert bzw. geregelt werden. Dann verarbeiten sie Information. Eine weitere Gruppe wird bewußt für die Informationstechnik, d. h. Übertragung, Speicherung, Erfassung und Verarbeitung, gestaltet. In jedem Falle werden durch den Menschen die Eigenschaften der (unbelebten) Natur zweckentsprechend organisiert. Diese speziellen Systeme existieren also nur im gesellschaftlichen Bereich der Materie. Ihre Beschreibung erzwingt daher ebenfalls die Anwendung des Informationsbegriffs. Dies steht aber keineswegs im Widerspruch zu den physikalischen Eigenschaften der Systeme. Eine rein physikalische Beschreibung von technischen Systemen ist ohne Verwendung des Informationsbegriffs meist nur für relativ kleine Systeme oder Teilsysteme sinnvoll. Für komplexe, insbesondere informationstechnische Systeme wird zusätzlich der Informationsbegriff notwendig. Insgesamt ergänzen sich also beide Beschreibungen. Eine Analogie hierzu bietet die Biologie. Von ihr werden keineswegs die physikalischen Gesetze durchbrochen. Aber zumindest zusätzlich ist die Beschreibung auf der biologischen Ebene notwendig (siehe hierzu Eigen [7]). Somit ließe sich schlußfolgern, daß der Begriff Information vor allem dann notwendig und vorteilhaft ist, wenn es mit ihm gelingt, spezifische Bewegungsformen der Materie durchsichtig zu beschreiben, die bei Anwendung anderer Mittel komplexer und damit undurchsichtiger sind. Diese Bewegungsformen hängen eng mit Widerspiegelungsprozessen zusammen.

Information und Kommunikation

Information und Kommunikation stehen in engem Zusammenhang. Zuweilen werden beide Begriffe sogar synonym verwendet. Am häufigsten werden der Kommunikation ein Prozeßcharakter im Sinne der informationellen Wechselwirkung zwischen Systemen und der Information mehr statische Eigenschaften zugeschrieben. Unter diesem Gesichtspunkt ist es sinnvoll zu definieren, daß im Kommunikationsprozeß Informationen ausgetauscht werden. Sowohl Information als auch Kommunikation sind hierbei so allgemein gemeint, daß sie für alle Daseinsformen der Materie gelten können. Diesbezüglich besteht zumindest eine Analogie, vielleicht sogar eine noch unmittelbarere Beziehung zum Transportwesen. Dem Transportprozeß entspricht die Kommunikation und den transportierten Gütern usw. die Information. Die Beziehung zwischen Transport und Kommunikation dürfte sich dadurch vertiefen, daß Information immer an stoffliche bzw. energetische Informationsträger gebunden ist. Damit kann im gewissen Umfange auch ein Ersatz von Kommunikations- durch Transportprozesse und umgekehrt erfolgen. [8] Die betrachtete Relation zwischen Kommunikation und Transport gibt zugleich Hinweise auf das dialektische Verhältnis zwischen Information und System. Ausführlicher ist dieses unter anderem in [6] betrachtet. In [9] wurde diesbezüglich ein erweitertes Shannonsches Kanalmodell benutzt. Hier seien nur einige typische Beispiele erwähnt, sie mögen zugleich zur Erläuterung der wichtigsten Begriffe dienen.

Vereinfachend sei zunächst ein Kommunikationssystem aus einem Information abgebenden Sender und einem Information aufnehmenden Empfänger gewählt. Die Information wird dann vom Sender zum Empfänger übertragen. Der zugehörige Weg heißt Übertragungskanal. Es gibt auch Einzelsysteme, die sowohl einen In- als auch einen Output für Informationen haben. Sie stellen dann zugleich Empfänger und Sender für Information dar. Wenn in ihnen die Information irgendwie quantitativ oder qualitativ verändert wird, liegt Informationsverarbeitung in ihnen vor. Andererseits gibt es auch einzelne Systeme, die als Empfänger Information aufnehmen, sie aber dafür benutzen (Informationsnutzung), als Folge ein besonderes Verhalten bzw. eine durch die Informationsaufnahme bedingte Reaktion zu zeigen. Klix betrachtet den Zusammenhang Information – Verhalten als grundlegend für die Psychologie. [10] Lernen kann so als eine individuelle bzw. systeminterne, durch Informationsnutzung umweltbezogene Verhaltensänderung definiert werden. Informationsspeicherung liegt bis auf seltene Ausnahmen vor, wenn die Information innerhalb eines Systems an eine beständige Struktur meist energetisch fixiert ist. [11]

Information und physikalischer Träger

Information existiert nur an physikalische Zeichenträger gebunden. Die Informationsträger müssen dabei so strukturierbar sein, daß nachweisbare Unterschiede in zumindest einer physikalischen Eigenschaft existieren. [11] An diese Unterschiede wird meist direkt, zuweilen aber auch sehr mittelbar die Information gebunden sein. Die Informationsträger lassen sich danach klassifizieren, ob sie längs eines Weges, auf einer Fläche, im Raum bzw. innerhalb der Zeit oder in Kombinationen hiervon strukturiert Information zu tragen imstande sind. Hierdurch lassen sich acht Klassen von Informationsträgern angeben. [12] Typisch für die Information ist es, daß sie von einem Informationsträger auf andere übergehen kann, ohne sich dabei zu verändern. Information wechselt also den physikalischen Zeichenträger, ohne ihren spezifischen Charakter und ihre speziellen Eigenschaften zu verändern oder gar zu verlieren. Die Information könnte damit indirekt als das bei einem Zeichenträgerwechsel Invariante definiert werden. So bleibt z. B. die Information eines Satzes dieselbe, unabhängig davon, ob er gesprochen oder nur gedacht wird, ob er als Schallschwingung oder als elektrisches Signal vorliegt, ob er auf einer Schallplatte bzw. auf einem Magnetband gespeichert ist oder ob er gedruckt existiert.

Zeichenträgerwechsel können von einer der acht möglichen Raum-Zeit-Strukturen zu jeder beliebigen der acht erfolgen. Das ergibt 64 mögliche Übergänge. Sie sind als spezielle Informationsprozesse in [13] geordnet und weiter analysiert.

Information und Maß

Von wesentlicher Bedeutung für die breite Anwendung der Informationstheorie war es, daß Shannon ein Maß für die Information entwickelte. Heute ist bekannt, daß dieses Maß insbesondere dann anwendbar ist, wenn gewisse Strukturen mit definierten Wahrscheinlichkeiten auftreten. Es sind zwar auch schon andere Maße, z. B. mengentheoretische und algorithmische, entwickelt worden, sie genügen jedoch kaum den vielfältigen Forderungen. Dies könnte vielleicht darauf zurückzuführen sein, daß die Materie hierarchisch organisiert ist. Dann können bestimmte Maßzahlen nur innerhalb einer Hierarchieebene verglichen werden. Beim Vergleich zwischen einzelnen Ebenen wäre daher mit einer neuen Informationsqualität zu rechnen. Damit wäre es wichtig, die Hierarchiebeziehungen soweit zu klären, daß ein Maß über mehrere Ebenen definiert werden kann. Zur Zeit gibt es wohl keine Ansätze zur Lösung dieser Aufgabe.

Ein eventuell eng mit der Hierarchie verknüpftes Problem zeigt sich bei den generativen Grammatiken. Die Worte einer Sprache lassen sich durchaus mit dem statistischen Maß der Shannonschen Theorie quantitativ richtig beschreiben. Eine derartige Betrachtung erfaßt nur die Verhältnisse der Oberflächenstruktur von Sätzen. Zu ihrer Erzeugung gibt es jedoch Regeln im Sinne weitgehend determinierter Aussagen. Die Informationsmenge von Sätzen ist deshalb sehr unterschiedlich, und zwar je nachdem, ob die Regeln zum Aufbau der Sätze bekannt sind und berücksichtigt werden oder nicht. [14] Ähnliche Relationen zwischen statistischen und determinierten Erzeugungsregeln bestehen wohl auch beim Rechnerprogramm, in der Musik und auf vielen anderen Gebieten.

Der Hierarchieaufbau ist auf vereinzelten Gebieten einigermaßen bekannt. Hierzu gehört z. B. die Begriffordnung in Thesauren. Hierzu gehört auch der Aufbau von Geräten aus Teilen, die Baugruppen bilden, welche ihrerseits zum Gerät zusammengefügt sind. In ähnlicher Weise lassen sich auch die Begriffe für Kombinationen von Eigenschaften bilden. Hierarchien lassen sich wohl meist baumartig verzweigt darstellen. Es kann vielleicht angenommen werden, daß unser Wissen in einer Vielzahl miteinander verwobener hierarchischer Bäume gespeichert ist. Lediglich ein eindeutiger Begriff regt auch nur einen Baum mit all seinen Hierarchiestufen an. Auf die Enden der Verzweigungen eines Baumes kann immer das Shannonsche Informationsmaß angewendet werden. Die Struktur des Baumes erfordert dagegen eine andere, meist deterministische Betrachtung. Eine allgemeine Informationstheorie müßte zumindest beide Möglichkeiten umfassen.

Wirkung der Information

Information ist nicht Selbstzweck, sondern dient u. a. der Kommunikation in weiter vorn definiertem Sinne. In einem speziellen und stark idealisierten Modell erzeugt ein Sender die Information für einen bestimmten Empfänger. Unter diesem Gesichtspunkt läßt sich eine neue Klassifikation aufbauen, die eine Weiterentwicklung der in [9] vorgestellten ist. Der Autor hofft, daß sie schneller zu brauchbaren Maßen führt, als eine Erfassung der Hierarchieebenen. Die hier vorzuschlagende Klassifikation berücksichtigt wesentlich die Wirkung, welche die Information im Empfänger auslöst und welche vom Sender bezweckt war. Der Autor hofft ferner, auf diese Weise die Information nach Qualität und Quantität unterscheiden zu können, wobei er annimmt, daß Qualität und Hierarchie weitgehend unabhängig voneinander sind.

Als erste Qualität sei die *ensemblische* Information eingeführt. Sie benötigt noch keinen Bezug auf Sender oder Empfänger. Es wird also noch keine Eigenschaft des Kommunikationsprozesses berücksichtigt. Lediglich die Zusammenhänge und die Eigenschaften von einzelnen Informationen sind zu erfassen. Dazu gehören zunächst einmal die statistischen Werte, z. B., wie oft also eine bestimmte Information in einer Menge von Informationen auftritt. Dazu gehören auch die Betrachtungen mit Markoffketten, d. h., welche Informationen mit welcher Wahrscheinlichkeit aufeinander folgen. Doch auch determinierte Beziehungen, wie sie z. B. bei den generativen Grammatiken weiter vorn geschildert werden, oder allgemeine Probleme der Hierarchieanordnung, solange sie sich nur auf Informationen selbst beziehen, gehen in die ensemblische Informationsqualität ein. Ein weiteres Beispiel ist die Kodierung und Dekodierung von Informationen. Allgemein kann auch die Informationstechnik als besonders anschauliches Beispiel erwähnt werden. Hierdurch wird deutlich, daß zur ensemblischen Informationsqualität alle Informationsprozesse gehören, die zumindest prinzipiell von einem äußeren Beobachter, der also weder zum Sender noch zum Empfänger gehört, erkannt sein müssen. Dies bedeutet, daß für ihn das informationsführende System eine „White-Box" ist. Mit wachsender Erkenntnis nimmt somit der Bereich der ensemblisch betrachtbaren Information zu. Im Sinne von Klix [10] faßt die ensemblische Qualität die statistische und strukturelle Information zusammen. Auf eine Sprache bezogen steht die ensemblische Information in engem Zusammenhang mit der Syntax.

Die *aktionische* Informationsqualität verlangt als Empfänger zumindest ein multistabiles System. Es soll also bezüglich seiner Umwelt unterschiedliche Zustände bzw. Verhaltensweisen annehmen können. Diese Zustände bzw. Verhaltensweisen mögen als Output des Systems bezeichnet werden. Als Input fungiere Information. Besteht zwischen Output und bestimmten ausgewählten Informationen ein statistischer oder determinierter Zusammenhang, so tragen diese Informationen eine aktionische Komponente, die den Output des Systems bewirkt. In die aktionische Information gehen also stets Verhaltenseigenschaften des Empfangssystems ein. Sie können genauso wie bei der ensemblischen Information sowohl statistisch als auch determiniert vorliegen. Im Gegensatz zur ensemblischen Informationsqualität braucht das (Empfangs-) System nicht durchsichtig zu sein. Es kann also als „Black-Box" betrachtet werden. Hinzu kommt, daß bei der aktionischen Informationsqualität als Output des Systems Zustände oder Verhaltensweisen an die Stelle der Informationen bei der ensemblischen treten. Die Ausbildung der Outputs des multistabilen Empfangssystems hängt eng mit Entscheidungen zusammen, die durch die aktionische Inputinformationsqualität beeinflußt werden. Auf den Menschen bezogen ist die aktionische Information handlungsrelevant. Deshalb gehören hierzu auch Teilgebiete der Ethik und Moral.

In den meisten Fällen der Informationsübermittlung verfolgt der Sender ein Ziel, das er mittels der Information beim oder durch die Handlung des Empfängers erreichen will. Dieses Ziel ist dann immer komplexer als nur die Auswahl bezüglich des multistabilen Verhaltens des Empfängers. Es sind daher auch deutlich die bezweckte (gedachte) und die realisierte Wirkung zu unterscheiden. Die zugehörige Informationsqualität, welche Sender, Ziel und Empfänger berücksichtigen muß, heiße *direktivisch*. Für sie ist durch das Verhältnis gedachtes – erreichtes Ziel eine Effektivitätsangabe möglich. Sie ist entweder – am besten – durch einen äußeren Beobachter oder zum Teil auch durch Rückinformation über das Empfängerverhalten vom Sender aus zu bestimmen. Zumindest ein Lebewesen mit Bewußtsein kann für sich selbst auch Ziele schaffen und sie zu verwirklichen versuchen. Alle damit unmittelbar zusammenhängenden Informationen besitzen ebenfalls die direktivische Informationsqualität. Direktivische Informationen sind damit auch zielsetzend bzw. zielauswählend. Dabei hat auch die aktive Rolle des Empfängers bezüglich Informationsanforderungen eine wesentliche Bedeutung. Insgesamt stehen mit der direktivischen Informationsqualität menschliche Eigenschaften wie Phantasie und Schöpfertum in recht engem Zusammenhang. Derartige Prozesse verlaufen zum großen Teil, d. h. zwischenzeitlich, unbewußt. Auf dem Wege vom Ahnen zum Wissen ist hierbei die Hypothese wichtig. Der Autor vermutet, daß die Ästhetik ebenfalls eng mit der direktivischen Informationsqualität zusammenhängt.

Die letzte Informationsqualität heißt die *contentische*. Sie setzt zumindest einen Empfänger mit einem (relativ hoch entwickelten) Gedächtnis voraus. Darin seien unter anderem Abbilder von Relationen und Dingen der Umwelt sowie ihre Eigenschaften gespeichert. Sie seien zumindest auch teilweise entsprechend der Hierarchie der Realität geordnet und verknüpft. Durch eine Information in Form von Sprache, Schrift, Bildern, Vorgängen usw. soll ein passend ausgewählter Teil der Gedächtnisstruktur angeregt werden. Die Information bewirkt damit über die angeregten Gedächtnisstrukturen Bezüge der Realität. Die Information assoziiert also unter Umständen viel mehr, als ihr selbst entspricht.

Wird bei der contentischen Informationsqualität noch der Sender einbezogen, so kann vorausgesetzt werden, daß er von einer zumindest ähnlichen Gedächtnisstruktur aus die Information erzeugt hat. Mit wenig übertragener und für sich selbst gesehen zum Teil sogar belangloser Information wird dann also eine meist komplexe Kopplung zwischen den Strukturen bzw. Gedächtnissen von Sender und Empfänger bewirkt. Zusätzlich wird meist sogar noch ein Sachbezug zur realen Umwelt hergestellt. Bei der contentischen Informationsqualität ist also nicht ihre Struktur oder ihr Strukturgehalt wichtig, sondern entscheidend ist der Inhalt bzw. die Bedeutung der Information für den Empfänger und/oder Sender. Die contentische Informationsqualität muß also irgendwie Gedächtnisstrukturen des Empfängers bzw. Senders berücksichtigen. Für den Menschen steht die contentische Information in engem Zusammenhang mit dem (Fach-)Wissen.

Vorgeschlagene und semiotische Einteilung der Information

Die oben vorgeschlagene Einteilung der Information steht in einem gewissen Zusammenhang mit der Einteilung der Semiotik: Syntax, Semantik und Pragmatik. In ganz grober Näherung entsprechen sich: ensemblisch und syntaktisch, contentisch und sematisch, aktionisch plus direktivisch und pragmatisch. Eine Verwendung der semiotischen Begriffe für die Einteilung der Information wurde und wird immer wieder versucht. Sie erscheint dem Autor aber aus mehreren Gründen recht problematisch. Neben stark idealistischen Bezügen muß davon ausgegangen werden, daß die Semiotik primär für die natürliche Sprache entworfen wurde. Sie ist daher nur bedingt auf nichtsprachliche Information übertragbar. Bei der contentischen Informationsqualität wurde bereits auf die Anregung von Gedächtnisstrukturen durch Bilder, Vorgänge usw. hingewiesen. Prinzipiell sind sie über jeden Sinneskanal und auch durch Gedanken selbst anregbar. Selbst Denken braucht nicht immer mit Sprechen gekoppelt zu sein. Für den Menschen ist dies zwar alles mit der Sprache verbal beschreibbar, aber dennoch ist sie für die hier durchgeführten Probleme zu eng. Für die aktionische Informationsqualität genügt z. B. ein multistabiles System mit Informationsinput. Schließlich wird in der Semiotik auch oft nur die Semantik als das Verhältnis von Wort und Bezeichnetem interpretiert.

Aus der Smiotik könnte gefolgert werden – und zuweilen geschah dies auch –, daß es die fortschreitenden Erkenntnisse eines Tages erlauben werden, von der Syntax zur Semantik und von dort zur Pragmatik zu gelangen. Die hier vorgeschlagenen Qualitäten zeigen aber, daß dies wohl kaum der Fall sein kann. Denn selbst, wenn so etwas möglich wäre, müßte zumindest die Reihenfolge Syntax, Semantik, Pragmatik falsch sein. Eine Erkenntnis schreitet doch immer vom Einfachen zum Komplizierten fort. Ganz gewiß kann nämlich die aktionische ohne contentische Informationsqualität existieren, dann aber dürfte das Umgekehrte für die Reihenfolge gelten, nämlich Syntax, Pragmatik, Semantik. Aus dem Unterschied von Sprache und Information läßt sich wohl folgern, daß es vielleicht einmal eine Theorie der Semantik, wohl aber kaum eine semantische Informationstheorie geben wird.

Die Reihenfolge der neuen Informationsqualitäten kann unterschiedlich gewählt werden. Einmal kann die Komplexität der Systemzusammenhänge gewertet werden, d. h., wieviel unbedingt vom Kommunikationssystem: Sender – Empfänger erfaßt werden muß. Dann entsteht die Reihenfolge: ensemblisch, aktionisch, contentisch, direktivisch. Eine andere Reihenfolge ergibt sich aus der Höhe der Entwicklungsstufe der Materie, die für jeweilige Informationsqualität mindestens notwendig ist. Hier gilt wahrscheinlich ensemblisch, aktionisch, direktivisch, contentisch. Ensemblische Information existiert auf allen Entwicklungsstufen der Materie. Aktionische Information setzt multistabile Empfänger voraus. Direktivische Information verlangt einen aktiven Sender, der zumindest die Umwelt und damit die Wirkung seiner Information wahrnimmt. Die contentische Information fordert zumindest Anfänge eines Bewußtseins.

Zusammenfassend kann festgestellt werden, daß Information eine allgemeine Eigenschaft der Materie ist und daher in allen Entwicklungsstufen existiert. Information wird als das bei der Kommunikation Ausgetauschte erklärt und damit in bezug zur Systemtheorie gesetzt. Information ist stets an physikalische Zeichenträger gebunden, kann diese aber ohne wesentliche Änderung wechseln. Hieraus ergibt sich eine indirekte Definition der Information. Im gewissen Umfange ist ein Informationsmaß ein Strukturmaß. Wegen des hierarchischen Aufbaus der Materie muß auch ein allgemeines Informationsmaß oder Maßsystem hierarchisch gestaltet sein. Die Wechselwirkung von Informationen mit Sender und Empfänger gestattet, vier Qualitäten der Information vorzuschlagen. Ensemblische Information liegt dann vor, wenn Relationen zwischen oder nur bezüglich Information betrachtet werden. Beeinflußt Information das Verhalten eines multistabilen Systems, so sei sie als aktionisch bezeichnet. Information, die ein Sender zum Empfänger für bestimmte Ziele oder Zwecke übermittelt, heiße direktivisch. Zielsetzende oder -ausbildende Information in einem System mit Bewußtsein ist ebenfalls direktivisch. Contentische Information regt im Empfänger eine Gedächtnisstruktur mit Umweltbezug an. Die Rangfolge dieser Informationen ergibt sich aus der Komplexität bzw. der für sie minimal notwendigen Höhe der Entwicklungsstufe der Materie.

Literatur

[1] E. Wasserzieher, Kleines etymologisches Wörterbuch der deutschen Sprache, Leipzig 1972

[2] C. E. Shannon, A mathematical Theory of Communication, Bell Syst. Tech. J. 27 (1948), S. 379–423

[3] Grundlagen der marxistisch-leninistischen Philosophie, Berlin 1971

[4] H. Hertz, Die Prinzipien der Mechanik, in neuem Zusammenhang dargestellt, Leipzig 1948

[5] E. Mach, Die Mechanik in ihrer Entwicklung, Leipzig 1912

[6] P. Franz, System und Information unter besonderer Berücksichtigung des Zusammenhanges beider Kategorien sowie der Dialektik von Unterschied und Identität, Dissertation Humboldt-Universität Berlin 1970

[7] M. Eigen, Selforganization on matter and the evolution of biological macromolecules, Naturwissenschaft 58 (1971), H. 10, 465–523

[8] P. Franz u. a., Vorschlag zu einer einheitlichen Terminologie für das Energie-, Verkehrs- und Verbundwesen, in: Die Technik (im Druck)

[9] H. Völz, Einige Gedanken zum Begriff der Information, Dtsch. Zeitschr. f. Phil. 16 (1968), H. 3, 336–348

[10] F. Klix, Information und Verhalten, Berlin 1971

[11] H. Völz, Grundlagen der magnetischen Signalspeicherung, Bd. 1, Berlin 1968

[12] H. Völz, Einige Grundlagen zum Informationsbegriff, EIK 7 (1971), H. 2, 95–106

[13] H. Völz, Eine mögliche Ordnung aller Informationsprozesse, EIK 7 (1971), H. 7, 447–456

[14] N. Chomsky, Formel properties of grammars. Handbook of mathematical psychology, Vol. II, New York/London 1965

Heinrich Vogel

Zur qualitativen Eigenart des Bewußtseins

In der philosophischen Diskussion und im weltanschaulichen Kampf spielte und spielt die Frage nach dem Wesen und der Eigenart des Bewußtseins stets eine große Rolle. Im Kampf zwischen der materialistischen und der idealistischen Grundlinie in der Philosophie gab und gibt es noch heute zwei Tendenzen, die man beide zu entgegengesetzten Extremen hin entwickeln kann: Eine – die idealistische – besteht darin, die Abhängigkeit des Bewußtseins von materiellen Faktoren durchgängig oder zumindest in entscheidenden Punkten (z. B. nicht unbedingt bei der Sinneserkenntnis, wohl aber bei abstrakten Gedanken oder bei seelischen Vorgängen) zu leugnen. Sie wird heute vornehmlich vom Neothomismus vertreten. Die andere – die materialistische – besteht darin, die durchgängige Abhängigkeit ideeller Prozesse (= Bewußtseinsvorgänge) von materiellen Prozessen zu betonen und im einzelnen nachzuweisen (mit Hilfe der Neurophysiologie und teilweise auch der Kybernetik). Besteht das Extrem im objektiven Idealismus darin, ein von Materie unabhängiges Bewußtsein (oder zumindest einen Teil desselben als immaterielle unsterbliche Seele) zu verselbständigen und evtl. zu hypostasieren, so besteht die entgegengesetzte einseitige Tendenz darin, die qualitative Eigenart des Bewußtseins geringzuschätzen, Schritt für Schritt zu schmälern, um sie schließlich ganz zu leugnen und geistige Vorgänge mit bestimmten materiellen Prozessen völlig zu identifizieren.

Im weltanschaulichen Kampf der Gegenwart bilden beide Tendenzen eine gewisse Einheit von Gegensätzen, liefern sie einander Angriffsziele und Argumente. Neothomistische Autoren unterstellen allen Materialisten, daß sie im Grunde alles Geistige leugnen und es auf Materielles reduzieren. Andererseits setzt sich jeder, der die qualitative Eigenständigkeit und Eigenart des Bewußtseins gegenüber der Materie vertritt, bei naturwissenschaftlichen und kybernetischen Materialisten dem Verdacht aus, dem Idealismus Zugeständnisse zu machen.

In solcher Situation ist es wichtig, sich auf die prinzipiellen philosophischen Positionen der Begründer des dialektischen und historischen Materialismus zu besinnen, nicht um sie als Autoritätsbeweis anzuführen, sondern um zu prüfen, ob sie im Licht der neuen einzelwissenschaftlichen Erkenntnisse aus Naturwissenschaft, Medizin und Kybernetik noch vertretbar sind oder nicht, wie sie evtl. weiterentwickelt bzw. ergänzt werden müssen. Diese theoretische Arbeit kann nur von vielen und über längere Zeit durch intensiven Meinungsstreit geleistet werden. Da diese Fragen die Grundprobleme der Philosophie berühren, ist stets Besinnung auf die philosophischen Grundpositionen erforderlich.

Engels hat die Grundfrage der Philosophie als erster klar formuliert. Bei der Kritik der Vulgärmaterialisten des 19. Jahrhunderts hat er die in der Grundfrage sachlich schon klar angelegte qualitative Unterscheidung zwischen Bewußtsein und Materie noch deutlicher ausgesprochen und formuliert. Seither ist die prinzipielle philosophische These von der qualitativen Eigenart des Bewußtseins gegenüber der Materie zu einer weltanschaulichen Grundposition des dialektischen und historischen Materialismus geworden. Lenin hat diese These von Engels sowohl gegenüber subjektiv-idealistischen Angriffen und Revisionsversuchen als auch gegen vereinfachende materialistische Auslegungen (z. B. bei Dietzgen) in seinem Werk „Materialismus und Empiriokritizismus" verteidigt und vertieft.

Danach vertritt die marxistisch-leninistische Erkenntnistheorie, kurz umrissen, folgende Grundthesen:

1. Das Bewußtsein ist in doppelter Weise von der Materie abhängig:

a) hinsichtlich seiner Existenz; kein Bewußtsein kann existieren, kein geistiger Prozeß erfolgen, ohne daß spezifische Erscheinungsformen der Materie als unerläßliche existenzmäßige Grundlagen (Gehirn) vorhanden sind bzw. sich bestimmte materielle Prozesse (konkrete Nervenprozesse mit bestimmter Energie) als Grundlage der geistigen vollziehen;

b) der Erkenntnisinhalt des Bewußtseins wird direkt (bei der Sinneserkenntnis) oder indirekt vom Objekt determiniert, wobei hier schon die qualitative Eigenart und Eigenständigkeit darin deutlich wird, daß das Bewußtsein die Erkenntnisinhalte willkürlich kombinieren kann. Das ist die Grundlage für schöpferische geistige Leistungen (z. B. Erfindungen), aber auch für Fehlinterpretationen (erkenntnistheoretische Wurzeln des Idealismus).

2. Das Bewußtsein ist materiell bedingt, aber selbst nicht materiell, sondern eine eigene Qualität. Bei aller Abhängigkeit des Ideellen vom Materiellen kann man das Idelle nicht auf das ihm notwendig zugrunde liegende Materielle reduzieren oder es mit ihm identifizieren.

3. Die qualitative Eigenart des Bewußtseins besteht darin, daß das Bewußtsein erstens vom ideellen Inhalt her (nicht so sehr von seinen Formen) eine spezifische Widerspiegelung der gesamten Realität (nicht nur, wohl aber primär der objektiven Realität im Sinne der Materie) ist und zweitens eine geistige Wertung dieser Inhalte nach verschiedenen Kriterien (erkenntnistheoretischen, wie wahr oder unwahr, ästhetischen, wie schön oder häßlich, pragmatischen u. a.) vornehmen kann. Sicher stellen sowohl die Widerspiegelungen als auch die Wertungen neurophysiologisch Neuronenverbindungen dar, aber darf man sie darauf reduzieren? Das ist die Frage, die heute sehr intensiv diskutiert wird.

Dabei gibt es gegenüber den skizzierten drei philosophischen Grundpositionen des dialektischen Materialismus Einwände und Angriffe von drei Seiten:

Erstens von seiten des objektiven Idealismus. Sie bestehen darin, die These von der qualitativen Eigenart des Bewußtseins in Gegensatz zur These von der durchgängigen materiellen Determiniertheit zu setzen mit dem Ziel, die letztere abzuschwächen und sie letztlich aufzugeben. Das würde ein Aufgeben des materialistischen Grundstandpunktes bedeuten;

zweitens von seiten des subjektiven Idealismus, der von einer anderen Flanke her polemisiert. Hier nämlich wird – worauf schon Lenin hinwies – die materielle Realität in der subjektiv-ideellen Erlebnisrealität aufgelöst, derart, daß am Ende alles nur Empfindungen, Empfindungskomplexe, kurz Bewußtseinsinhalte sind und es außerhalb des Bewußtseins keine Realität mehr gäbe. Im weltanschaulichen Kampf der Gegenwart hat diese Position an Einfluß schon viel verloren;

drittens gibt es Angriffe auch von bestimmten materialistischen Positionen aus, also von Autoren, die im weltanschaulichen Kampf ebenfalls gegen den Idealismus kämpfen. Es handelt sich um einen philosophischen Materialismus, der sich bewußt vom dialektischen und historischen Materialismus abgrenzt, der sich als „naturwissenschaftlicher Materialismus" oder als kybernetischer oder neurophysiologischer Materialismus etabliert, wobei seine Vertreter oft nicht einmal die Bezeichnung „Materialismus" akzeptieren, sondern sich Realisten nennen (z. B. Steinbuch). Sie gehen von der Hypothese aus, alle geistigen Prozesse würden sich letztlich als komplizierte materielle Prozesse erweisen und nachweisen lassen, eine spezifische ideelle Qualität des Bewußtseins gäbe es nicht, das sei idealistischer Mystizismus. Jeder geistige Prozeß, jede Begriffsbildung, jede wissenschaftliche Theorie sei eine bestimmte komplizierte Neuronenrelation bzw. ein entsprechender neurophysiologischer Prozeß.

Neue Forschungsergebnisse haben bezüglich der Sinneserkenntnis in dieser Hinsicht schon erstaunliche Resultate erbracht. Die konkreten und spezifischen Nervenprozesse und andere neurophysiologische Grundlagen bei der Speicherung von Sinneserkenntnissen im Gehirn sind für viele Empfindungen und Wahrnehmungen konkret und detailliert nachgewiesen. Darauf berufen sich die Vertreter dieser Argumentation. Neueste experimentelle Ergebnisse bei Tieren belegen sogar, daß bestimmte Erfahrungen im materiellen Substrat einzelner Gehirnzellen verankert sind und daß anderen Individuen diese Erfahrungen dadurch vermittelt werden können, daß die betreffende Gehirnsubstanz verpflanzt wird. [1]

Auf Grund solcher bedeutender Ergebnisse einzelwissenschaftlicher Forschung neigen nicht wenige Wissenschaftler der Hypothese zu, das werde schließlich bei den komplizierten rationalen Elementen der Erkenntnis und des Bewußtseins überhaupt im Prinzip genauso sein. Sicher kann man der Hypothese zustimmen, daß es bezüglich der materiellen Grundlagen der höheren und komplizierten Prozesse prinzipiell genauso sein wird – aber ob eine Identifizierung gerechtfertigt ist zwischen neurophysiologischen Prozessen und dem ideellen Gehalt der darauf basierenden Bewußtseinsvorgänge, ist damit keineswegs erwiesen. Das wäre nur unter einer Voraussetzung akzeptabel: daß das menschliche Gehirn *nur* wie ein Rechenautomat gebaut sei und funktioniere. Daß Rechenautomaten bestimmte geistige Operationen in ihrem logischen Zusammenhang materiell zu simulieren vermögen, beweist, daß es wesentliche Gemeinsamkeiten gibt. Es bleibt aber der Umstand, daß verschiedene menschliche Individuen einen unterschiedlichen Aufwand an Nervenkraft (darunter Energieaufwand), Zeit und Anstrengung brauchen, um dasselbe zu denken. Unterschiedliche Bildung, Erfahrung, Übung usw. spielen hier mit. Das heißt, der Energieaufwand bei einem neurophysiologischen Prozeß kann verschieden sein, obwohl zwei Individuen einen inhaltlich gleichen Denkprozeß vollziehen. Umgekehrt könnte er z. B. auch gleich groß sein bei inhaltlich verschiedenen Denkprozessen. Das ist ein ernster Einwand gegen das Identifizieren von neurophysiologischen Prozessen und dem Inhalt der entsprechenden Denkvorgänge. Noch schwieriger wird es hinsichtlich der ideellen Wertung, die ja keineswegs direkt vom zu bewertenden Objekt oder Sachverhalt, sondern wesentlich mit vom Bewußtseinssubjekt abhängt. Ferner ist zu beachten, daß zwar die Speicherung von Sinneserkenntnissen, Erlebnissen, von gelerntem Wissen usw. wohl eindeutig wird durch neurophysiologische Prozesse und daß Neuronenrelationen erklärt und auf sie zurückgeführt werden können; wie aber ist es mit dem Abberufen aus dem Speicher, mit dem Ins-Bewußtsein-rufen, dem Sich-Erinnern?

Sicher gibt es auch dafür konkrete neurophysiologische Zusammenhänge, die das ermöglichen und bedingen – aber das qualitativ Besondere des Bewußtseinssubjekts ist damit noch nicht erfaßt. Es ist ja ein und dasselbe Subjekt, das zuerst unmittelbar empfindet, erlebt, lernt, speichert und sich dann erinnert, also aus dem Speicher abruft; gleichzeitig ist es dasselbe Subjekt, das geistig wertet, zwar nur mit Hilfe der materiellen Prozesse – aber der Inhalt der Wertung z. B. kann doch nicht mit dem materiellen Prozeß identifiziert werden! Alle diese Gesichtspunkte lassen es uns als verfehlt erscheinen, unter Berufung auf neueste Ergebnisse der Neurophysiologie oder der Kybernetik (insbesondere der Informationstheorie) die qualitative Eigenart des Bewußtseins zu bestreiten. Dabei ist natürlich mit zu berücksichtigen, daß diese Frage in ihrem Wesen eine philosophische und keine einzelwissenschaftliche Frage ist, das heißt, sie ist von der Physiologie oder Informationstheorie allein nicht zu lösen.

Es geht dabei auch nicht ausschließlich um den Widerspiegelungscharakter des Bewußtseins. Lenin betonte in seinem Werk „Materialismus und Empiriokritizismus", daß die Widerspiegelungsfunktion des Bewußtseins als die höchste und spezifisch ausgeprägte Form einer recht allgemeinen Eigenschaft der Materie, ihres Widerspiegelungs- oder Reaktionsvermögens, aufgefaßt werden könne. [2] Damit ist auf den genetischen Zusammenhang des Bewußtseins mit anderen qualitativ weniger entwickelten Formen einer allgemeinen Eigenschaft der Materie hingewiesen und die absolute Ausnahmestellung des menschlichen Bewußtseins oder der Seele – die im objektiven Idealismus stets eine dominierende Rolle spielen muß – abgelehnt.

Die qualitative Eigenart des menschlichen Bewußtseins besteht im Unterschied zu Bewußtseinsvorgängen höherer Lebewesen überhaupt nicht nur in der sinnlichen Widerspiegelung der Außenwelt, sondern im Denk-, Wertungs- und Entscheidungsvermögen. Ob etwas süß oder bitter schmeckt, erfordert keine Entscheidung, sondern ist chemisch-substantiell bedingt, desgleichen entsprechende optische oder akustische Empfindungen. Hier wird die Neurophysiologie zuerst sehr genau die materiellen Faktoren im einzelnen erweisen. Sie dürften bei Mensch und höher entwickeltem Tier prinzipiell gleich sein.

Anders ist es schon mit der Wechselwirkung von Denkvorgängen und Sinneserkenntnis, die wir nur beim Menschen haben. Schließlich wird die Reduzierung von Wertungs- und Entscheidungsprozessen des menschlichen Bewußtseins auf materielle Neuronenrelationen bzw. Nervenprozesse *inhaltlich* nicht möglich sein, das heißt, man wird zwar nachweisen können, daß sich bei den entsprechenden Bewußtseinsvorgängen bestimmte materielle Prozesse abspielen, aber man wird nicht aus der Lokalisation, der energetischen Intensität usw. auf den geistigen Inhalt, auf die Art der Wertung oder

Entscheidung zwingend schließen können. Hier spielen ideologische Fragen die entscheidende und bestimmende Rolle. Jedes Individuum ist hier in einer spezifischen Situation, die außerdem nie konstant bleibt. Die Hinwendung zum religiösen Glauben z. B. oder die Abwendung von ihm wird zwar immer nur auf der Grundlage bestimmter Gehirnprozesse erfolgen, aber die Entscheidung ist primär eine geistige Entscheidung, für die zwei Individuen nicht dieselbe Nervenenergie, nicht dieselbe Zeit und nicht dieselbe Art und Zahl von Neuronenrelationen aufwenden müssen. Deshalb kann aus Zeit, Energieaufwand, Art und Zahl bestimmter Neuronenverbindungen allein – selbst wenn dies einzelwissenschaftlich möglich wäre – für ein konkretes Individuum nicht zwingend geschlossen werden, daß es sich jetzt gedanklich zu dieser oder jener Entscheidung bzw. Wertung durchringe, diesen oder jenen Entschluß gefaßt habe.

Die Gesetzmäßigkeiten des Bildungs- und Erziehungsprozesses, des Erkenntnisprozesses, des ideologischen Kampfes lassen sich nicht neurophysiologisch fassen, wohl aber gehen wir davon aus, daß sie alle neurophysiologische, informationstheoretische und andere Grundlagen haben, ohne die sie nicht wirken könnten.

Im weltanschaulichen Kampf unserer Zeit spielen diese Fragen eine große Rolle. Unser hauptsächlicher Gegner ist dabei nicht der naturwissenschaftliche oder kybernetische Materialismus einzelner Vertreter dieser Einzelwissenschaften, sondern der philosophische Idealismus in seinen verschiedenen modernen Spielarten. Die theoretische Abgrenzung zum naturwissenschaftlichen und kybernetischen Materialismus wird aber dort nötig, wo eine Verwischung der philosophischen Positionen uns im Kampf gegen den philosophischen Idealismus behindern würde. Und das ist in dieser wichtigen Frage der Fall. Wir dürfen dabei nicht vergessen, daß diese philosophischen Fragen in den ideologischen Klassenkampf der Gegenwart einbezogen sind. Es geht nicht nur um freundschaftliche Dispute unter Gleichgesinnten.

Lenin hat in seiner letzten philosophischen Arbeit, dem Aufsatz „Über die Bedeutung des streitbaren Materialismus", dargelegt, daß die Angriffe gegen den dialektischen und historischen Materialismus von seiten der bürgerlichen Philosophie nicht aufhören werden, solange es den weltweiten Klassenkampf zwischen Kapitalismus und Sozialismus gibt. Diese weltanschaulichen Angriffe sind ein Teil des ideologischen Klassenkampfes, der sich in unserer Zeit ständig vertieft, erweitert und verschärft. Lenin hat allen Marxisten als Vermächtnis mit auf den Weg gegeben, sich mit solchen theoretischen Angriffen stets neu und gründlich auseinanderzusetzen, ihren ideologischen Zweck aufzudecken und sie wissenschaftlich zu widerlegen. Beide Aspekte sind wichtig und können einander nicht ersetzen.

Einen neuen Versuch der neothomistischen Philosophie, die materialistische Beantwortung der Grundfrage der Philosophie durch den dialektischen Materialismus anzugreifen und als wissenschaftlich fragwürdig zu erweisen, hat der bekannte neothomistische Philosoph Josef de Vries in seinem Ende 1970 erschienenen Buch „Materie und Geist" unternommen. Sein Ziel im weltanschaulichen Kampf der Gegenwart besteht darin, dem religiösen Glauben einen legitimen Platz im geistigen Leben zu sichern und erneut für eine Versöhnbarkeit von Wissenschaft und Religion zu streiten. Das geht indessen nur, wenn die materialistische Antwort auf die Grundfrage der Philosophie bekämpft und als zumindest unbeweisbar hingestellt wird. De Vries verzichtet darauf – das ist eine etwas ungewöhnliche neuartige Taktik –, die Grundfrage als zentrale philosophische Frage anzugreifen und in Frage zu stellen, wie es seit Jahrzehnten von den verschiedenen Strömungen der bürgerlichen Philosophie getan wurde. Er erkennt sie als zentrales weltanschauliches Thema der Menschen an, worauf schon der Titel seines Buches hindeutet.

Seine theoretische Argumentation gegen unsere marxistisch-leninistische Philosophie läßt folgende Linie erkennen:

Erstens wird das philosophische Wesen des dialektisch-materialistischen Standpunktes nicht korrekt bzw. exakt dargestellt, sondern der Standpunkt des dialektischen Materialismus mit dem des kybernetischen Materialismus (etwa nach Steinbuch) und dem des in imperialistischen Ländern unter Naturwissenschaftlern verbreiteten engen naturwissenschaftlichen Materialismus vermengt und daraus als Verallgemeinerung abgeleitet, Materialismus sei jener Standpunkt, der den „Geist auf die Materie als die einzige selbständige Realität" [3] zurückführt. Auf den ersten Blick scheint das keine große Entstellung zu sein, manchmal finden sich ähnliche Formulierungen sogar in Artikeln marxistisch orientierter Autoren. De Vries bezieht sich gern auf solche Stellen. Aus Lenins philosophischem Schaffen wissen wir aber, wie sorgfältig Lenin den qualitativen Unterschied des marxistischen Materialismus gegenüber anderen Strömungen des philosophischen Materialismus herausarbeitete und im Geiste von Engels keine Verwischung duldete. Am Beispiel der Angriffe von de Vries zeigt sich wieder, daß es für Naturwissenschaftler u. a. nicht genügt, schlechthin einen materialistischen Standpunkt zu vertreten, sondern daß man den geschickten Angriffen der bürgerlichen Philosophie nur erfolgreich standhalten kann, wenn man sich einen exakten dialektisch-materialistischen Standpunkt erarbeitet hat.

De Vries weiß, daß der dialektische Materialismus sich stark auf die Naturwissenschaften stützt und aus deren Erkenntnissen Beweisgründe für die dialektisch-materialistische Beantwortung der Grundfrage der Philosophie heranzieht. Indem de Vries nun die materialistische Position als Reduzierung des Geistes auf die Materie hinstellt und behauptet, die These von der materiellen Verursachung geistiger Vorgänge besage, daß der Nervenvorgang *A* den gedanklichen Vorgang *B* nicht nur auslöse, sondern ihm generell entspreche, versucht er, diese These, die z. B. Vertreter des kybernetischen Materialismus tatsächlich vertreten, zu widerlegen, um dann verallgemeinernd festzustellen: Der Materialismus „läßt sich . . . nicht naturwissenschaftlich beweisen". [4]

Als allgemeinen materialistischen Standpunkt formuliert de Vries: „Nach dem Gesagten würde man geistige Vorgänge dann als durch Nervenvorgänge naturwissenschaftlich erklärt bezeichnen, wenn sich zeigen ließe, daß auf bestimmte Nervenvorgänge notwendig bestimmte geistige Vorgänge folgen". [4]

Anhand von Beispielen aus der medizinisch-physiologischen Literatur (z. B. F. Laubenthal, Wellenrhythmus des Elektroenzephalogramms bei rechnenden Kindern) folgert de Vries, daß das nicht zutrifft: „. . . beim Rechnen wurden Zellen mitbeansprucht. Aber man kann aus dem Bild des Elektroenzephalogramms nie ablesen, was geschehen ist" [4], also

z. B., ob richtig oder falsch gerechnet, was gerechnet wurde und dergleichen mehr, was den gedanklichen Inhalt der geistigen Vorgänge betrifft.

De Vries weiß, daß sich der philosophische Materialismus insgesamt und der dialektische Materialismus insbesondere in seiner Begründung stark auf die Naturwissenschaft stützt, ihre Ergebnisse theoretisch verarbeitet und umgekehrt die Naturwissenschaft in ihren philosophischen Grundlagen fundieren kann. Diese Stärke des philosophischen Materialismus soll durch den betonten Hinweis, daß philosophische Fragen nur philosophisch erklärt werden könnten, abgetan werden. Das richtige Verständnis der dialektischen Wechselbeziehungen von Philosophie und Naturwissenschaft hat auch eine wichtige methodische Seite für den weltanschaulichen Streit! Wer die Philosophie als über den Einzelwissenschaften stehend betrachtet, kommt natürlich zu solchen Thesen wie de Vries.

Ferner muß betont werden, daß die konkrete Argumentation von de Vries hinsichtlich *bestimmter* geistiger Vorgänge als Wirkung von *bestimmten* Nervenprozessen nach dem linearen Kausalschema „aus *A* folgt *B*" nicht den dialektischen Materialismus, sondern den von de Vries als „westlichen Materialismus" apostrophierten naturwissenschaftlich bzw. kybernetisch orientierten Materialismus trifft, wie ihn etwa Steinbuch, Horkheimer, H. J. Schultz u. a. vertreten. Gegen sie polemisiert de Vries ebenfalls. Damit hängt auch die unpräzise Charakterisierung des Materialismus durch de Vries als „Rückführung des Geistes auf die Materie" [3] zusammen. Die exakten Formulierungen von Engels und Lenin (Materialismus heißt, vom Primat der Materie auszugehen) benutzt de Vries nicht. Hier geht es indessen nicht nur um terminologische, sondern um inhaltliche Fragen.

Der dialektische Materialismus behauptet – hier noch einmal thesenartig angedeutet –, daß

1. das Geistige, Ideelle als qualitativ Spezifisches existiert und nicht materiell ist;

2. das Ideelle, Geistige, Bewußtseinsmäßige in seiner Existenz durchgängig an bestimmte Erscheinungsformen der Materie (Gehirn) gebunden ist und ohne diese materielle Grundlage nicht existieren kann (das Gehirn aber ist nicht das Bewußtsein!);

3. das Ideelle erkenntnistheoretisch eine auf verschiedene Weise determinierte und auf verschiedener Stufe stehende Widerspiegelung vornehmlich des Materiellen ist, wobei der Inhalt der Widerspiegelung vom Objekt determiniert wird, die Wertung aber vom Bewußtsein vorgenommen bzw. festgestellt wird (bei wahr oder unwahr).

Daraus folgt, daß die von de Vries angeführten naturwissenschaftlich-physiologischen Beispiele genau diese philosophischen Thesen des dialektischen Materialismus bestätigen. Daß ein bestimmter Nervenprozeß *A* die richtige Lösung einer Integrationsaufgabe *B* und der Nervenprozeß *C* die falsche Lösung der Multiplikationsaufgabe *D* darstelle oder ihr stets und immer zugeordnet sei, behauptet der dialektische Materialismus nicht. Aber keine Rechenaufgabe wird gedanklich gelöst ohne materielle Nervenprozesse. Diese aber können wiederum im einzelnen bei den gleichen gedanklichen Aufgaben bei einzelnen Individuen hinsichtlich ihrer energetischen Intensität, ihrer zeitlichen Dauer usw. verschieden sein, weshalb auch die Elektroenzephalogramme verschieden sind. Ob de Vries das der marxistisch-leninistischen philosophischen Literatur nicht entnehmen konnte, sei hier offen gelassen. Seine philosophische Argumentation geht jedenfalls an der entsprechenden Position des dialektischen Materialismus vorbei.

Wir sehen an diesem Beispiel erneut, wie notwendig vertiefte und exakte, dialektisch differenzierende, die Vielschichtigkeit der Realzusammenhänge beachtende Darstellungen des dialektischen Materialismus sind, um die Ergebnisse der naturwissenschaftlichen und medizinischen Forschung philosophisch richtig interpretieren und die jederzeit erfolgenden bürgerlichen Angriffe konstruktiv und überzeugend in weltanschauliche Gegenangriffe verwandeln zu können. Das ist nach Lenin stets eine Aufgabe des streitbaren Materialismus gewesen und wird es auch bleiben.

Literatur

[1] H. Drischel, Das neuronale Gedächtnis, in: Biologische Rundschau, H. 3/1972, Jena

[2] W. I. Lenin, Werke, Bd. 14, Berlin 1962, S. 85

[3] J. de Vries, Materie und Geist, München/Salzburg 1970, S. 10

[4] Ebenda, S. 25/26

Karl-Hermann Köhler

Revolutionäre Umwälzungen im biologischen Denken der Gegenwart

I. Bedeutung und Stellung der Biologie

Der Erkenntnisfortschritt in der Biologie vollzieht sich heute stürmischer als je zuvor in der Geschichte dieser Disziplin. Die Situation ist in gewisser Hinsicht mit der revolutionären Entwicklung der Physik zu Beginn unseres Jahrhunderts zu vergleichen. Bisweilen geht die Einschätzung mancher Autoren sogar so weit, daß sie schreiben: „... die Biologie wird zur Wissenschaft ‚Nummer 1', ... (bzw.) ist es bereits geworden". [1] Und in „Theoretical and Mathematical Biology" äußert Watermann: „Wenn es wirklich gelingen sollte, die neue und alte Biologie zu synthetisieren, dann können wir, ohne in übermäßigen Optimismus zu verfallen, voraussagen, daß auf das gegenwärtige Jahrhundert der Physik in der Wissenschaft das Jahrhundert einer gewaltigen Revolution in der Wissenschaft vom Leben folgt, in der das Verständnis des Lebens, des Wachstums, der Evolution und des Menschen selbst mit seinem Verhalten weit diejenigen ersten Schritte übertrifft, die heute getan werden." [2] Zweifellos kann man, vorsichtiger ausgedrückt, sagen, daß heute die Bedeutung der Biologie für den Fortschritt der Menschheit, für den Übergang in die „Epoche der bewußten Steuerung des Lebens auf der Erde" [3, S. 15], d. h. ihre Rolle als Produktivkraft, erheblich zugenommen hat und sie neben Physik, Chemie und Geologie einen wichtigen Platz unter den Naturwissenschaften einnimmt.

In diesem Zusammenhang taucht bereits die Frage auf, woran es liegt, daß diese Entwicklung in der Biologie so relativ spät einsetzte. Eine der Ursachen besteht offenbar darin, daß die Untersuchungsgegenstände der biologischen Wissenschaften im Vergleich zu denen der Physik und Chemie wesentlich kompliziertere Systeme sind, für die zunächst die mit dem

Fortschritt der Physik und Chemie zusammenhängende Ausarbeitung und Nutzung geeigneter, neuer experimenteller Methoden notwendig war. Die gleichzeitig mit der Komplexität der Systeme verknüpfte Vielfalt der Aspekte bedingte außerdem das Heranreifen neuer Denkweisen und methodologischer Konzeptionen, die zweifellos einer Analyse wert sind und eine Zusammenarbeit von Naturwissenschaftlern und Philosophen fruchtbringend werden lassen, ganz in dem Sinne, wie es Lenin in seinem philosophischen Vermächtnis forderte. [4]

Tatsächlich erstreckt sich die Hierarchie der Untersuchungsebenen der biologischen Wissenschaften von Ionen, Atomen und einfachen Molekülen über Makromoleküle und Molekülsysteme bis zu Zellen einschließlich der Zellorganellen (z. B. Mitochondrien, Chloroplasten, Ribosomen usw.), über Gewebe und Organe bis zu Individuen, ja darüber hinaus noch zu Biozönosen und Populationen bis zur gesamten Biosphäre. Diese verschiedenen Untersuchungsebenen, die zugleich eine Evolutionsrichtung andeuten [5], sind durch eine immer stärker zunehmende Kompliziertheit ihrer Organisation, sich verändernde und neu auftretende Wechselwirkungen und einen damit zusammenhängenden höheren Grad an Regulation gekennzeichnet. An den Untersuchungen beteiligen sich die verschiedensten biologischen Teildisziplinen, wie z. B. Biochemie, Biophysik, Genetik, Ultrastrukturforschung und Zytologie (Zellenlehre); ferner Anatomie, Morphologie und Physiologie sowie Ökologie und Soziologie. Gehen wir bei der Betrachtung hingegen von der Zeit aus, so haben wir es auf der molekularen Ebene der biologischen Forschung sehr häufig mit Reaktionsgeschwindigkeiten mindestens bis zum Mikro- und Millisekundenbereich zu tun. Solche raschen Reaktionsabläufe kennen wir z. B. bei Enzymreaktionen, bei photochemischen und -biologischen Vorgängen (z. B. Singulettanregung in 10^{-9} s; Halbwertszeit eines kurzlebigen, angeregten Chlorophylls $= 5 \cdot 10^{-4}$ s; Energieübertragung von Chlorophyll a_{II} auf $Q_{254} < 10^{-5}$ s; Energieübertragung durch Diffusion: 10^{-3} s. [6; 7] Andererseits rechnen wir sogar mit Millionen und Milliarden Jahren, wenn die Evolution diskutiert wird. Auch die Zahl der Objekte, über die sehr weit auseinandergehende Angaben vorliegen (vgl. [8; 9; 10]), ist erstaunlich. Nach Solbrig [8] sind mehr als 500000 Pflanzenarten und über eine Million Tierarten ohne Insekten bekannt. Die Zahl der Insektenarten als der größten Tiergruppe wird auf ca. 2–3 Millionen geschätzt. (8, S. VII]

Um die Bedeutung der Biospähre [11] noch etwas zu verdeutlichen, sei an folgende Beispiele erinnert: Der gesamte molekulare Sauerstoff unserer Atmosphäre ist durch den Photosyntheseprozeß entstanden, also biologischen Ursprungs. Heute haben die autotrophen Pflanzen einen Anteil von $> 99\%$ der Gesamtmasse an lebender Substanz. Die jährlich auf der Welt neu gebildete Pflanzenmasse beträgt $171{,}54 \cdot 10^9$ t, davon werden ca. 60% in tropischen Gebieten gebildet. Die gesamten Pflanzenmassenvorräte der Erde belaufen sich auf $2{,}402 \cdot 10^{12}$ t; davon entfallen $0{,}17 \cdot 10^9$ t auf den Weltozean [12]. Ferner schätzt man die jährlich durch biologische Stickstoffbindung festgelegte Stickstoffmenge auf 10^8t ; die zur Zeit insgesamt auf der Welt durch die chemische Industrie hergestellten Stickstoffdünger entsprechen ca. 20% dieser Menge [13].

Nachdem schon seit der Mitte des vorigen Jahrhunderts chemische und physikalische Methoden immer stärker vor allem in die Physiologie eingedrungen sind (s. dazu Engels [14], ferner Pfeffer, Sachs, Timirjasew u. a. [15]), wurden jedoch insbesondere in den letzten 25 Jahren die experimentellen Möglichkeiten durch die Einbeziehung moderner, vor allem physikalisch-chemischer Analysenmethoden, wie verschiedenste chromatographische und elektrophoretische Verfahren, Spektrophotometrie einschließlich Fluorometrie und Nephelometrie, Ultrazentrifugation, Polarographie, Isotopentechnik, Nutzung von ESR- und NMR-Spektren, Elektronenmikroskopie und Einsatz von Mutanten in der Biochemie, erheblich ausgebaut. In der Molekularbiologie begegnen wir heute einer qualitativ neuen Fachdisziplin, die als Ziel die Erforschung der Lebensprozesse auf molekularer, auf physikalischer Grundlage hat. Sie ist eine komplexe Disziplin, die Biochemie, Biophysik, Genetik und Ultrastrukturforschung einschließt, wobei sich die Grenzen zwischen diesen Disziplinen verwischen.

Als Geburtsstunde der Molekularbiologie wird das Erscheinen einer im Grunde viel zu wenig gewürdigten [16] Arbeit von Avery und Mitarbeitern [17] im Jahre 1944 betrachtet, in der erstmalig die DNS als Träger der genetischen Information beschrieben wurde (bis zu dieser Zeit nahm man an, daß vor allem Proteine für die Transformation verantwortlich seien.) Immer mehr hat sich die früher bei Biologen oft anzutreffende Formulierung „Zu welchem Zweck?", „Welchen Sinn hat das?", also eine z. T. teleologische Betrachtungsweise, zugunsten der in der Physik üblichen Fragestellung „Warum?", d. h. einer kausalen Betrachtungsweise, verschoben.

Der Organismus, aber auch Biozönosen und Populationen sind gleichzeitig Systeme mit kybernetischen Eigenschaften [9; 18], weshalb zur Untersuchung und Beschreibung bestimmter Zusammenhänge die Methoden und die Terminologie der Kybernetik immer breitere Anwendung finden. Zwar zeichnet sich das kybernetische Herangehen durch eine gewisse Einseitigkeit (und damit Verarmung) aus, aber gerade deshalb, weil es sich auf einen bestimmten und sehr wesentlichen Aspekt konzentriert, erlaubt es, mit Hilfe der System-, Informations-, Spiel- und Algorithmentheorie tiefer in die Erscheinungen der objektiven Realität einzudringen.

Durch diese Orientierungen der Molekularbiologie hat, was Lenin [19] als gesetzmäßig für die künftige Entwicklungsperiode der Naturwissenschaften voraussagte, der Prozeß der Mathematisierung, Modellierung und Formalisierung in der Biologie notwendigerweise zugenommen.

Die Biologie hat, insbesondere gestützt auf die Befunde der molekularbiologischen Forschung, in kurzer Zeit zahlreiche praxisrelevante, für den wissenschaftlich-technischen Fortschritt bedeutsame Ergebnisse sowohl für die Landwirtschaft (z. B. Ertragssteigerungen durch Züchtung neuer Sorten und durch bessere Agrikultur-Maßnahmen, Nutzung von Herbiziden und Insektiziden) als auch für die Industrie (Produktion von Antibiotika und anderen Arzneimitteln; Eiweißgewinnung durch Verhefung usw.) und die Medizin (Behandlung von Stoffwechselkrankheiten, u. a. der Diabetes; Behandlung sogenannter „Molekularkrankheiten", wie der Schwachsinn bewirkenden Phenylketonurie, u. a. m.) erbracht.

Die tägliche Praxis beweist immer aufs neue *Lenins* Feststellung, „daß aus dem jähen Umbruch, den die moderne Naturwissenschaft durchmacht, unausgesetzt reaktionäre philosophische Schulen und Richtungen, große wie kleine, emporsprießen". [4]

So gibt es in letzter Zeit z. B. heftige Diskussionen ([20; 21]; vgl. auch [22]) um die Auffassungen Monods in seinem Buch „Zufall und Notwendigkeit" [23], in dem er u. a. die Dialektik der Natur bestreitet. Er behauptet, sie projiziere menschliche Vorstellungen in die Natur. Damit stellt er also die Dialektik etwa mit der teleologischen Entwicklungskonzeption von Teilhard de Chardin [24] gleich. Wenn Monod schreibt: „Unsere Losnummer kam beim Glücksspiel heraus. Ist es da verwunderlich, daß wir unser Dasein als sonderbar empfinden – wie jemand, der im Glücksspiel eine Milliarde gewonnen hat?" [23, S. 178/179], verwirft er eine dialektische Begründung für Entstehung und Entwicklung lebender Systeme. Diese Gedanken durch unzulässige Extrapolation weiter auf die menschliche Gesellschaft übertragend, kommt er zu offenen Angriffen gegen den Marxismus, worauf wir in Abschnitt VII noch näher eingehen. Zweifellos kommt bei ihm die Scheu vor der in der bürgerlichen Gesellschaft zunehmenden Entfremdung als „Urangst" zum Ausdruck. Andererseits stehen mechanistische Überbetonungen der Invarianz der Struktur – auch bei Monod zu finden (vgl. [20]) – mit den viel diskutierten Erscheinungen des Strukturalismus, der z. B. im ideologischen Leben in Frankreich ausgeprägt ist (s. dazu [25]), in Beziehung.

Wir wenden uns gegen jede künstliche Konstruktion eines Weltbildes ebenso wie gegen die positivistische Frage nach dem objektiven Gehalt unserer Erkenntnis. Der dialektische Materialismus ist die einzige theoretisch begründete und formulierte Weltanschauung, die uns eine adäquate Widerspiegelung der realen Welt gibt. Der dialektische Materialismus betrachtet die Welt in ihrer materiellen Einheit und hat das Ziel, unter Nutzung des *gesamten* empirischen Materials der heutigen Zeit, das Bild des modernen wissenschaftlichen Erkennens, das die Methoden, Mittel und Kategorien sowie Formen des theoretischen Denkens charakterisiert, ständig zu vervollkommnen und für den gesellschaftlichen Fortschritt zu nutzen.

Bei der konstruktiven Weiterentwicklung des dialektischen Materialismus treten heute folgende Merkmale wissenschaftlichen Erkennens in den Vordergrund [26], wie an einigen Beispielen aus der Biologie belegt werden soll:

a) Mathematisierung, Formalisierung und Modellierung nehmen zu. Das Vordringen der biologischen Forschung auf die molekulare Ebene und die neue Qualität bei der Untersuchung der Wechselbeziehungen zwischen einzelnen Systemen, aber auch die Einführung einer kybernetischen Denkweise in die Ökologie und Evolutionslehre [27], ferner in die Physiologie der höheren Nerventätigkeit [28], sind Zeugnis dafür. Immer größere Bedeutung und hohen heuristischen Wert erlangen Modelle in der Biologie (z. B. Modelle atomarer und molekularer Eigenschaften, zur Mechanik von Funktionen (s. Bionik!), zur Physiologie von Funktionen (z. B. Osmometermodell!) und biochemische Synthesen mit Modellcharakter (z. B. [29]). Einen wesentlichen Wert für die Theorienbildung haben neben Analogiemodellen [30] offenbar auch Denkmodelle, die aus empirischen Daten abgeleitet werden und zu einem weiteren, tieferen Vordringen beitragen (s. z. B. Jacob-Monodsches Modell der Regulation der Enzymsynthese; Anwendungen in der Entwicklungsphysiologie s. Abschnitt VII). Es kann hier nur darauf verwiesen werden, daß es gerade zum Modellbegriff viele Diskussionen gibt [31], und sicher sollte man davor warnen (vgl. auch Hörz [31, S. 160]), Modelle zu sehr auf materielle einzuschränken.

Andererseits darf man auch nicht übersehen, daß es durchaus noch viele Schwierigkeiten bei mathematischen Formulierungen verschiedenster Dinge gibt, die aus der Komplexität der biologischen Objekte resultieren. So verweist Nobelpreisträger Kendrew [32] auf Grund seiner Erfahrungen bei Strukturuntersuchungen an Makromolekülen darauf, daß mit zunehmender Komplexität die topologische Beschreibung immer mehr inadäquat wird, weil die Zahl der Freiheitsgrade enorm ansteigt. Mohr [30] führt aus, daß zwar das Osmometermodell die osmotischen Eigenschaften der Zelle erstaunlich gut widergibt, aber viele Gesetzmäßigkeiten können zur Zeit auch noch nicht angemessen formuliert werden. So sind bisher alle Versuche zur quantitativen Formulierung einer allgemeinen Wachstumskurve an der Heterogenität der lebenden Systeme gescheitert.

b) Die Zunahme des intuitiven Moments (s. auch [32]). Während die Strukturforschung in der Molekularbiologie aus mühsam erarbeiteten Daten und unter Einsatz schwieriger mathematischer Verfahren ihre Vorstellungen und Modelle (z. B. DNS-Modell nach Watson und Crick; Hämoglobin- und Myoglobinmodelle von Perutz und Kendrew) ableitet, eröffnet hingegen das funktionelle Herangehen in der Molekularbiologie mannigfaltigste Denk- und Erklärungsmöglichkeiten, fördert spekulatives Denken. Oft schreitet gerade hier die Theorie dem experimentellen Nachweis voraus. So wurden z. B. in dem Jacob-Monodschen Modell zur Regulation der Enzymsynthese Repressoren als ein Element des Systems postuliert; erste Nachweise erfolgten erst viel später!

c) Die Entwicklung von Begriffen und Termini instrumentalen Charakters. Es gibt heute in der Biologie, beispielsweise in der Genetik, Termini, die spezifisch biologisch sind, wie „Gen", „Chromosom", „Allel" usw. Mit fortschreitender Entwicklung der Biologie wandelten sich die inhaltlichen Vorstellungen dieser Begriffe erheblich, d. h., die Antwort darauf, was man z. B. unter einem „Gen" versteht, lautet heute anders als etwa vor 20 Jahren oder gar im Jahre 1903, in dem Johannsen diesen Begriff als Rechnungseinheit einführte. Unverkennbar ist dabei die Tendenz [33], diese Begriffe in einer „physikalischen Terminologie, also letztlich in der Begrifflichkeit der Quantentheorie, neu zu definieren" [33, S. 12]. Für die Biologen haben diese Begriffe instrumentalen Charakter.

d) Das Streben nach fundamentalen Theorien, die Wissen aus verschiedensten Gebieten synthetisieren. In der Biologie ist inzwischen ein neues Niveau des Wissens erreicht worden, das als Ergebnis objektiver Prozesse der Wissenschaftsentwicklung gesetzmäßig nach der Aufstellung einer fundamentalen Theorie drängt (s. z. B. [1; 2; 34]; weitere Versuche zur theoretischen Biologie s. [35 a–d]). Die theoretische Biologie muß sich durch ein dialektisches Herangehen auszeichnen – ein grundlegendes Prinzip der modernen Biologie –, das auch die scheinbare Alternative von Reduktionismus (cartesianischem Herangehen) und Ganzheitsbetrachtung aufhebt. Dann bietet sie wesentliche, heuristische Voraussetzungen für wirkliche Problemlösungen. Diese theoretische Biologie kann allerdings weder mit der Molekularbiologie identifiziert noch mit einer bloßen mathematischen Biologie gleichgestellt werden, vielmehr muß sie ebenso qualitative theoretische Interpretationen fundamentaler Gesetzmäßigkeiten der lebenden Natur geben. Die theoretische Biologie muß sowohl die Theorie der biologischen Erkenntnis als auch methodologische Prinzipien der Forschung berücksichtigen. Wesentlicher Aspekt der theoretischen Biologie müssen Struktur-, Funktions- und Systembetrachtungen auf verschiedenen Ebenen der biologischen Organisation im Zusammenhang mit dem Prinzip des Historizismus sein. So bietet z. B. die historische Entwicklung des Lebenden für die Erklärung der Zweckmäßigkeit durch die moderne Biologie keine wesentlichen Schwierigkeiten. Die theoretische Biologie wird die chemische Evolution der Organismen bei der Herausbildung einzelner Glieder und Komponenten metabolischer Prozesse ebenso wie das Verständnis der Anpassung auf der Ebene von Morphologie und Physiologie umfassen. [36] Sie wird sogar bis zur Herausbildung der Noosphäre (im Sinne von Wernadski [37, S. 328]), also der Vernunft und des Bewußtseins, reichen.

Erstaunlich allerdings ist, daß gerade methodologische Probleme, die zweifellos zu Schlüsselproblemen geworden sind, von der Mehrheit der Biologen lange Zeit völlig ignoriert oder nur nebenher behandelt worden sind.

Und wenn N. N. Kolzow [38], der übrigens Chromosomen als matrizenartig zu reproduzierende Erbmoleküle bezeichnete, sich noch beklagen mußte, „daß sich die Entwicklungsphysiologie, Genetik, Biochemie und Cytologie voneinander abgrenzen" (1935), so ist gerade die Theorie der Individualentwicklung zu einer vorrangig komplex bearbeiteten Aufgabe geworden, insbesondere seit der Anregung Bonners [39], die Entwicklungsphysiologie auf eine molekularbiologische Grundlage zu stellen.

Dennoch darf man aber niemals außer acht lassen, daß die grundlegende Methode der Biologie das Experiment ist.

e) Die Tendenz der Aufgliederung des Untersuchungsobjektes in einfachste Strukturen und Beziehungen (Reduktionismus, s. z. B. [40; 41])

f) Die zunehmende Bedeutung der Kategorie Wahrscheinlichkeit. In der Biologie haben wir es vor allem (z. B. Mendelsche Gesetze) mit statistischen Gesetzen zu tun, „in denen eine Gesamtheit von Möglichkeiten durch eine Vielzahl von einzelnen Prozessen verwirklicht wird" [9, S. 32]). Da es sich in der Biologie allgemein um eine Vielzahl von Faktoren handelt, insbesondere in der Physiologie, ist die Kausalanalyse in der Biologie exakter ausgedrückt eine Faktorenanalyse (s. dazu [30; 33]).

Die Ausführungen verdeutlichen, daß gerade die modernen Ergebnisse eine theoretische Verallgemeinerung erfordern, die das Verständnis der fundamentalen Lebensprozesse genügend tief widerspiegelt und damit das Erbe der klassischen Biologie fortführt und weiterentwickelt. Die tiefgründige Analyse der methodologischen Grundlagen und das Erfassen der inneren Logik der Molekularbiologie sowie die Interpretationen ihrer Ergebnisse verlangen die Anwendung der materialistischen Dialektik bei der wissenschaftlichen Theorienbildung und Verallgemeinerung. Der erkenntnistheoretische Wert und die methodologischen Prinzipien der Molekularbiologie sind für die Lösung allgemeinbiologischer Fragen im besonderen und naturwissenschaftlicher wie wissenschaftstheoretischer Fragen im allgemeinen hoch einzuschätzen. Hieraus leitet sich eine unumgängliche, zugleich fruchtbare und schöpferische Anwendung der materialistischen Dialektik ab, die auf der Zusammenarbeit von Natur- und Gesellschaftswissenschaftlern aufbauen muß, wie es Lenin in seinem philosophischen Vermächtnis vorgibt [4].

Die Funktion der marxistisch-leninistischen Philosophie beschränkt sich jedoch nicht allein auf die allgemeinen Gesetze in Natur und Gesellschaft und die des Denkens, sondern umfaßt als weitere wichtige Seite das Verhältnis des Menschen zu seiner gesellschaftlichen und natürlichen Umwelt, was im folgenden noch weiter herausgearbeitet werden soll.

III. Weltanschauung in der Geschichte der Biologie

Die Geschichte der Biologie ist, wie zahllose Beispiele belegen, von denen wir nur einige markante herausgreifen können, durch den Kampf ideologischer Auseinandersetzungen geprägt. Und wenn Lenin 1908 in seiner Arbeit „Marxismus und Revisionismus" [42] schreibt: „Ein bekannter Ausspruch lautet: Würden geometrische Axiome an menschliche Interessen rühren, so würde man sicherlich versuchen, sie zu widerlegen. Naturgeschichtliche Theorien, die an alte theologische Vorurteile rührten, wurden und werden bis zum heutigen Tage aufs schärfste bekämpft", so trifft diese Feststellung in vollem Umfang für die Biologie zu.

Welche experimentellen Befunde haben einen wesentlichen Einfluß auf weltanschauliche Positionen ausgeübt?

Ausgangspunkt für viele Diskussionen um das Wesen des Lebens waren Descartes' in seinem „Tractatus de homine" (1677) dargelegten mechanisch-materialistischen Vorstellungen. Er meinte, daß der lebendige Organismus nichts weiter sei als eine äußerst komplizierte Maschine, deren Konstruktion aber völlig verständlich ist. Damit hat er zwar einen wesentlichen Beitrag gegen den Agnostizismus geleistet, doch sind derartige mechanisch-materialistische Vorstellungen, wie einseitiges Herangehen überhaupt (s. Lenin [19]), so unzulänglich, daß die Vitalisten laufend Angriffspunkte fanden. Auch La Mettrie [43] hat später in seinem Werk „L'homme machine" (1747) Descartessche Gedanken aufgegriffen und den menschlichen Leib als ein Ensemble von Körpern und Flüssigkeiten erklärt, die sich nach den Gesetzen der Mechanik und Hydraulik bewegen. La Mettrie lehnte die deistische Meinung jedoch ab, daß sich der Körper wie ein Automat bewegt, dessen Triebkraft und Bewußtsein aber in Gott liege. Entscheidend für die Zurückdrängung des Vitalismus waren in der Tat zahlreiche experimentelle Fakten, die ihm grundlegende Argumente entzogen. Der Alternative „Mechanismus – Vitalismus", beide zeichnen sich jeweils durch ein einseitiges Herangehen aus, konnte nur die dialektisch-materialistische Denkweise begegnen. Den Nachweis, daß organische Substanzen auch außerhalb des Organismus aus anorganischen Stoffen hergestellt werden können, hat Wöhler [44] im Jahre 1828 mit seiner Synthese des Harnstoffs durch Umlagerung von Ammoniumzyanat erbracht. Mit Buchners Beweis [45] (1896), „daß die lebenden Hefezellen zur Einleitung der alkoholischen Gährung nicht nöthig sind" (S. 572), wurde eindeutig geklärt, daß Enzymreaktionen auch außerhalb der Zellen, d. h.

in vitro, ablaufen können. Das war zugleich die Geburtsstunde der Enzymologie. Buchner folgert noch weiter: „Der Gährungsvorgang darf nicht als physiologischer Act, d. h. als complicirter Lebensvorgang aufgefaßt werden, vielmehr wird er durch eine Enzymähnliche Substanz, die Zymase, eingeleitet, welche in der Natur allerdings nur in den lebenden Hefezellen entsteht." Und durch die sich immer rascher anhäufenden experimentellen Ergebnisse in der weiteren Zeit wurde schließlich auch der Neovitalismus von Driesch ad absurdum geführt.

Wir wollen noch einen weiteren Aspekt herausgreifen, der uns im folgenden noch mehr interessieren wird, nämlich, daß bestimmte Grundauffassungen längere Zeit eine stärker betonte Rolle spielen können und dann wieder durch andere Akzentuierungen abgelöst werden. Aus der objektiven Dialektik der Natur ergibt sich, daß die Erkenntnisgewinnung in einem dialektischen Prozeß erfolgt, wie z. B. auch Kendrew feststellte [32].

Die von Engels [14] mit Recht gewürdigte Darwinsche Entwicklungstheorie, die die *Veränderlichkeit* der Arten betont, hat lange Zeit eine dominierende Rolle gespielt und das Problem der Stabilität des Lebenden im Denken der Naturwissenschaftler in den Hintergrund treten lassen. Erst mit der unabhängig voneinander erfolgenden Wiederentdeckung der Mendelschen Gesetze (1865) durch Correns (46a], Tschermak [46b] und de Vries [46c] im Jahre 1900 erlebte die Idee der *Stabilität* eine Renaissance, wenngleich sie zunächst auf die Genetik beschränkt blieb. Aber auch der sowjetische Geochemiker W. I. Wernadski [47] erhob auf Grund seiner Erkenntnisse und seines geochemischen Herangehens an die Fragen der Entwicklung des Lebens die Forderung nach einer Konzeption der Stabilität. Mit seiner Theorie der stabilisierenden Evolution (1938) (d. h., die Umweltbedingungen begünstigen die Organismen mit den Eigenschaften des Populationsmittels und führen zur Ausmerzung aller vom Mittel abweichenden), zu der später noch kybernetische Aspekte kamen, hat Schmalgausen [27] einen hervorragenden Beitrag zur Begründung der Idee der Stabilität geleistet und zum dialektischen Verständnis des Verhältnisses von Stabilität und Evolution beigetragen. Dieser sich aus der Kompliziertheit der Biologie ergebende Wechsel in den Denkweisen und in der Methodologie sowie in dem allgemeineren Herangehen bedarf zweifellos einer ständigen Analyse (s. auch [40]). Niemand wird aber bestreiten, daß die Situation im Denken der Biologen heute völlig anders ist als zu der Zeit, in der die oft als metaphysisch bezeichnete, durchaus mechanistische, aber dennoch einen realen Kern enthaltende, Cuviersche Theorie von der Konstanz der Arten aufgestellt wurde. Trotz der berechtigten Betonung der Stabilität wird heute aber niemand mehr die evolutionäre Entwicklung bezweifeln. Analysiert man allein die jüngste Periode der Entwicklung, so stellt man fest, daß sie vor allem gekennzeichnet ist durch die Erkenntnis von Strukturprinzipien, prinzipiellen Synthesemechanismen und molekularbiologischen Grundlagen von Vererbungsprozessen. Diese Untersuchungen sind eng mit den Namen Crick, Watson, Sanger (Insulinmolekül), Pauling (α-Helix der Proteine), Ochoa, Kornberg, Jacob, Monod usw. verknüpft. Allerdings darf man auch heute nicht die Kompliziertheit bei der Umsetzung eines aus obigem folgenden synthetischen Herangehens unterschätzen, da es noch viele ungelöste Probleme, wie z. B. die Entstehung des Lebens auf der Erde, Übergang der präbiologischen zur biologischen Evolution usw. einschließt.

Die Geschichte der Naturwissenschaften, im speziellen Falle die der Biologie, widerspiegelt, wie nur an wenigen Beispielen skizziert werden konnte, in der Tat den dialektischen Charakter der Erkenntnisgewinnung, weshalb gerade das Studium der Geschichte der naturwissenschaftlichen Disziplinen eine wichtige Grundlage für die Planung und Leitung der Wissenschaften ist, wie z. B. Kedrow nachweist [48].

Die Fortschritte der Biologie haben idealistische Auffassungen unter dem Druck der überzeugenden Fakten immer mehr zurückgedrängt. Die Naturwissenschaftler haben mit ihren Arbeiten ständig die Grundpositionen des dialektischen Materialismus, wie Materialität der Welt, Unerschöpflichkeit der Materie, Erkennbarkeit der Welt sowie ihre ständige Entwicklung, bewiesen. Der bedeutende englische Embryologe Waddington [49] äußert, daß die allgemeintheoretischen Vorstellungen der Biologie ganz offensichtlich „in bestimmtem Grade der marxistischen dialektischen Philosophie nahe“

kommen. [49, S. 8] Mit ihren Ergebnissen tragen sie zur Weiterentwicklung des dialektischen Materialismus bei. Das schließt jedoch nicht aus, daß es oft auch zu undialektischen und mechanistischen Vorstellungen kommt. In der Tat verhindern metaphysische „Entweder-Oder"-Deutungen oder das relativistische „Sowohl-Als auch" die adäquate Widerspiegelung der Realität. Nur die Dialektik als erkenntnistheoretische Methode gestattet, die sich widersprechenden Seiten eines Prozesses in ihrer Einheit und gegenseitigen Bedingtheit wiederzugeben.

IV. Die instrumentale Anwendung der Biologie trägt Klassencharakter

Der instrumentale Charakter der Naturwissenschaften, darunter der Biologie, der in der Anwendung der Wissenschaft zutage tritt, trägt zweifellos Klassencharakter. Erinnert sei an den verbrecherischen Einsatz von Herbiziden durch amerikanische Militärs in Vietnam, an Psychopharmaka (= Nervengifte), die zur „unblutigen Kriegführung" vorgesehen sind, und an die in der bürgerlichen Ideologie zur Meinungsmanipulation geführten Diskussionen zur genetischen Manipulation des Menschen. Diese Erscheinungen erkennen durchaus auch bürgerliche Wissenschaftler; sie ziehen daraus aber sehr unterschiedliche, mehr oder weniger weit reichende Schlußfolgerungen. In dem Buch „Die biologische Zeitbombe" [50, S. 21] sieht Taylor die Entwicklung sehr pessimistisch, indem er schreibt, „daß die Welt bereit ist, mit wehenden Fahnen zur Hölle zu fahren".

Es gibt auch viele Versuche, die Ergebnisse der modernen Biologie in den Dienst zur Stützung der Ideologie der imperialistischen Gesellschaftsordnung zu stellen, insbesondere auch verschiedenste Varianten der Konvergenztheorie zu entwickeln. Und wenn der Amerikaner J. W. Forrester in seinem Buch „Der teuflische Regelkreis" ein Modell entwickelt, zu dem gesagt wird: „Dieses Modell ist ein erster Versuch, unsere Denkmodelle von langfristigen weltweiten Problemen durch die Kombination großer Informationsmengen, die längst im Besitz der Menschheit sind, mit Hilfe der neuartigen Techniken der wissenschaftlichen Systemanalyse und der Datenverarbeitung entscheidend zu verbessern", so zeigt sich schon hieran deutlich, daß die sozialökonomischen Grundlagen unberücksichtigt bleiben und technokratisches Denken vorherrscht (s. in [51]). Der Imperialismus ist nicht in der Lage, die Probleme, die sich aus der Zunahme der Bevölkerung und der Industrialisierung, aus der Umweltverschmutzung und aus der Ausbeutung natürlicher Rohstoffressourcen ergeben, im Sinne des Fortschritts der gesamten Menschheit zu lösen.

In der Tat sind alle Versuche, den wissenschaftlich-technischen Fortschritt von der sozialökonomischen, d. h. klassenmäßigen Grundlage zu trennen, wissenschaftlich unexakt und politisch desorientierend; sie sind Ausdruck konvergenztheoretischen Denkens!

Die enge Wechselwirkung, die zwischen der Nutzung des wissenschaftlich-technischen Fortschritts für die Menschheit und der Gesellschaftsordnung besteht, zeigt sich an folgenden Beispielen, wobei wir damit rechnen müssen, daß heute sehr rasch jedes wissenschaftliche Ergebnis technologisch verwertet werden könnte.

a) Ein viel diskutiertes und ernstes Problem ist z. B. die „Bevölkerungsexplosion". Während man zur Steinzeit eine Weltbevölkerung von 10 Millionen, 1650 von 500 Millionen schätzt (damalige Wachstumsrate: 0,3%), betrug der Wert für 1970: 3600 Millionen Menschen (Wachstumsrate: 2,1%). Nicht nur die Weltbevölkerung ist exponentiell gewachsen, sondern auch die Wachstumsrate ist angestiegen (s. auch [51]). Nach Schätzungen der Food and Agriculture Organization leiden heute ca. 1,5 Milliarden Menschen an akutem Eiweißmangel. Es gibt aber keinen Hunger in irgendeinem Land des sozialistischen Lagers! Das unterstreicht, daß Hunger vor allem eine soziale Erscheinung ist. Wenn der Hunger zunimmt, so nicht deshalb, wie z. B. der amerikanische Schriftsteller John Steinbeck meint, weil die Menschen sich zu schnell vermehren, sondern weil der Imperialismus progressierende Ungleichheit sowohl im Welt- wie im Landesmaßstab schafft. Dennoch wollen wir folgende Fakten nicht übersehen: Auf der Erde gibt es ca. 3,2 Milliarden ha prinzipiell landwirtschaftlich nutzbare Fläche. Zur Ernährung eines Menschen benötigen wir heute durchschnittlich 0,4 ha Fläche; zum Leben braucht ein Mensch etwa 0,08 ha Fläche. Die derzeitige Entwicklung würde um 2000 zu einer starken Landknappheit führen.

Wie ist die Situation heute einzuschätzen?

Die Fortschritte in der biologischen Forschung garantieren durchaus noch einen Anstieg der landwirtschaftlichen Produktion. Eine weitere, noch stärker nutzbare Nahrungsmittelquelle bilden die Vorräte der Weltmeere. Trotzdem sollte man die Produktivität des Ozeans auch nicht überschätzen, denn die Primärproduktion (Pflanzenmasse) des Ozeans beträgt 1,3–2,0 t/ha/Jahr; in subtropischen Laubwäldern z. B. rechnet man mit ca. 400 t/ha/Jahr ([12]; s. auch [52]).

Eine erhebliche Produktivität versprechen aber die Kulturen einzelliger Algen (z. B. Chlorella) in Tanks bzw. die mikrobielle Eiweißproduktion, wobei die Gewinnung von Eiweiß aus Erdöl eine besondere Rolle spielt [53]. So überzeugt folgender Vergleich zur Geschwindigkeit der Eiweißproduktion auf Erdölbasis mit derjenigen der traditionellen tierischen Produktion: Ein auf einer normalen Weide ernährter Ochse von 500 kg produziert jeden Tag ein halbes Kilogramm Eiweiß. Dagegen bilden 500 kg Hefe in der gleichen Zeiteinheit rund 1250 kg Protein (!), wobei die Produktionskosten für derartiges Proteinkonzentrat 15–30mal niedriger als für die Fleischeiweißproduktion liegen.

In diesem Zusammenhang ist es sicherlich von Interesse, daß die Sowjetunion für den Perspektivplanzeitraum vorgesehen hat, im Jahre 1980 so viel mikrobielles Eiweiß zu erzeugen, wie heute in der Landwirtschaft produziert wird.

b) Mit der zunehmenden Bevölkerungszahl und der weiter voranschreitenden Industrialisierung gewinnt der Umweltschutz immer mehr an Bedeutung. Eine außerordentlich wichtige Rolle spielen deshalb ökologische Untersuchungen (z. B. Nutzung der Selbstreinigungskapazität von Gewässern, Landschaftsgestaltung usw.). Erprobt werden auch Nutzungsmöglichkeiten von Mikroorganismen zum Abbau von Industrieabfallprodukten (auch Plasten, Phenolen usw.), aber auch von Erdölverschmutzungen. Wir sehen aber täglich, daß die wissenschaftlichen Ergebnisse nur dann zum Nutzen der Menschen dienen können, wenn durch die Gesellschaftsordnung tatsächlich der wissenschaftlich-technische Fortschritt zum Nutzen der Gesellschaft genutzt wird (s. auch [54]). Hieran halten sich jedoch, wie zahllose Beispiele belegen, Konzerne durchaus nicht. Unsere sozialistischen Staaten hingegen haben gesetzliche Grundlagen geschaffen, die den Umweltschutz garantieren; die Erkenntnisse der Wissenschaft werden zum Nutzen der Bevölkerung in der Praxis durchgesetzt. Es zeigt sich aber auch täglich, daß der Umweltschutz zugleich ein internationales politisches Problem ist. Ökologische Grundlagenforschung muß heute mit allem Nachdruck betrieben werden, da z. B. unsere Kenntnisse über maximale Grenzwerte von Schadstoffen noch völlig ungenügend sind. Bekanntlich verlängern sich mit zunehmender Komplexität der Systeme die Zeiten, die zur Einstellung eines neuen Gleichgewichtszustandes erforderlich sind (Relaxationszeiten; s. auch bei [40]). Dadurch wird eine Beurteilung der Lage zusätzlich erschwert. Mit Nachwirkungen von Schadstoffen ist selbst längere Zeit, oft viele Jahre, nach dem Einsetzen von Maßnahmen zu ihrer Nichtverbreitung zu rechnen [51].

c) Die Isolierung eines Bakteriengens aus Escherichia coli [55] ist als ein bemerkenswerter Fortschritt zu werten. Und wenn es in der Zwischenzeit weiteren Forschungsgruppen gelang [56], durch Transduktion von Genen, die für die Bildung des stickstoffbindenden Enzyms Nitrogenase verantwortlich sind, bei Klebsiella pneumoniae die Fähigkeit zur Stickstoffbindung zu erzeugen, so eröffnet das zweifellos optimistische Perspektiven für die Landwirtschaft. In der Tat gibt es viele Wissenschaftler, die sich über diese Entwicklung der Molekularbiologie ernsthafte Gedanken machen, speziell die Humangenetik betreffend. Die Möglichkeiten, die dem Menschen durch die Molekularbiologie, insbesondere die Humangenetik eröffnet wurden, zeigen eine enge Verflechtung mit moralischen, d. h. ideologischen Fragen. Sie sind unmittelbarer Gegenstand der Auseinandersetzung um Naturwissenschaften, Mensch und Gesellschaft. Gefährlich sind dabei solche biologistischen Tendenzen wie z. B. im „evolutionären Humanismus" J. Huxleys [57], die er in seinem Buch „Ich sehe den künftigen Menschen. Natur und neuer Humanismus" zum Ausdruck bringt.

Die biologischen Wissenschaften erforschen sowohl die Gesetzmäßigkeiten, die im einzelnen Organismus und in der Zelle ablaufen, wie u. a. Stoffwechsel, Energiehaushalt und Informationsfluß (Vererbung), als auch diejenigen, die in Populationen und Biozönosen wirksam sind. Zur Klärung, insbesondere der im einzelnen Organismus, in der Zelle und den Zellorganellen (z. B. Mitochondrien) verlaufenden Prozesse leistet die Molekularbiologie einen wesentlichen Beitrag. Die Lösung der Fragen insgesamt kann aber nur durch Zusammenwirken der verschiedensten biologischen Disziplinen und anderer naturwissenschaftlicher Richtungen, ebenso der Erkenntnistheorie, Logik und Methodologie erfolgen (s. z. B. [1; 34]; ausführlich [40], ferner [58]).

Welche Erfolge hat nunmehr die Molekularbiologie als junge Disziplin erreicht, und welche allgemeineren Probleme hat sie herausgearbeitet?

1. In den letzten 25 Jahren hat die Molekularbiologie die Konzeption von der biochemischen Universalität – einer Universalität bestimmter Bauelemente, Eigenschaften, Systeme und Prinzipien – des Lebenden glänzend bestätigt (s. dazu [5; 40; 58]) und damit einen wertvollen Beitrag für die Weiterentwicklung von der Wissenschaft des Lebens sowie für die Methodologie geleistet.

Im Zusammenwirken mit anderen Disziplinen der Biologie, vor allem der Anatomie, Zytologie, Morphologie und Physiologie, konnte zunächst der schon lange postulierte Fakt (s. dazu auch Engels [14]) bekräftigt und präzisiert werden, daß die *Zelle* das universale übermolekulare Bauelement aller Organismen ist, angefangen mit den einfachsten, den prokaryotischen (z. B. Bakterien, Blaualgen), bis zu den höheren, eukaryotischen Organismen (mit echtem Zellkern; z. B. Tiere, höhere Pflanzen usw.). Alle Zellen sind stets durch eine plasmatische Membran gegenüber ihrem Außenmedium abgegrenzt und enthalten normalerweise (ausgenommen z. B. bestimmte Mutanten) alle notwendigen Voraussetzungen für den Ablauf der Prozesse, die für das Leben charakteristisch sind.

Das Vordringen der Forschung auf die Ebene des molekularen Niveaus läßt eine weitere erstaunliche Standardisierung erkennen, die sowohl die Struktur als auch die Funktion betrifft.

Grundsätzlich werden alle für das Leben notwendigen organischen Moleküle (s. dazu auch Wernadski [47]) aus nur 6 verschiedenen, den organogenen Elementen aufgebaut (Kohlenstoff, Wasserstoff, Sauerstoff, Stickstoff, Schwefel und Phosphor); hinzu kommen noch weitere 12 Hilfselemente (wie Natrium, Kalium, Kalzium, Eisen, Magnesium, Kobalt, Mangan, Kupfer, Molybdän, Zink, Chlor und Jod), die eine Schlüsselrolle bei verschiedenen lebenswichtigen Prozessen spielen. (In einer Reihe von Fällen wurden auch noch Silizium, Vanadium und Bor gefunden.) Vergleicht man das prozentuale Vorkommen dieser Elemente im Organismus und in dessen Umwelt, so stellt man fest, daß z. B. die Konzentrationen einiger Elemente in der Zelle wesentlich höher sind, was auf eine charakteristische Erscheinung, die Selektivität der Zellen und Organismen, hinweist (d. h., es sind eklektische Systeme). Ferner ist bedeutsam, daß trotz der außerordentlich umfangreichen Untersuchungen bisher kein einziger Fall bekannt ist, in dem eines der oben genannten Elemente in einem Lebewesen durch ein anderes Element ersetzt wäre; es ist nur möglich, daß einige Elemente ergänzend hinzukommen können.

Die Universalität erstreckt sich ferner auf das Vorkommen einfacher Moleküle, wie z. B. die Zucker Glukose und Fruktose, die Fettsäuren Palmitin- und Stearinsäure, die Purine Adenin und Guanin sowie die Pyrimidine Thymin, Urazil und Zytosin, auf manche Sterine, darunter Cholesterin und die 20 Eiweiß-Aminosäuren. Zusätzlich zu diesen 20 „Standard"-Aminosäuren können zwar in einigen spezialisierten Zellen noch einige, sogenannte nichtproteinogene Aminosäuren (insgesamt sind weit über Hundert bekannt) ergänzend hinzutreten, aber die Eiweiß-Aminosäuren können niemals durch die nichtproteinogenen ersetzt werden.

Von einer Universalität *spezifischer* Makromoleküle kann man zwar nicht sprechen, doch sind bestimmte Makromolekül-*Typen* universal. Alle entscheidenden Makromoleküle sind beispielsweise in wäßriger Lösung Träger elektrischer Ladung. Außerordentlich wichtig als Träger und als Übermittler genetischer Informationen sind die DNS und RNS. In der Tat sind nur Polynukleotide (also Bausteine) der DNS und RNS) bestimmten Typs im Lebenden zur Speicherung und Weitergabe der genetischen Informationen befähigt (s. Abb. 1, S. 111). Andererseits können nur Eiweiße, für die ebenfalls bestimmte Grundprinzipien des Aufbaus allgemeingültig sind, als Biokatalysatoren wirken (s. auch [59]); keine anderen Makromoleküle sind in vivo zur Katalyse chemischer Reaktionen befähigt.

Vergleichende Untersuchungen von globulären Proteinen aus evolutionär unterschiedlichen Organismen haben zu einer Reihe interessanter Resultate geführt. Am besten bearbeitet sind Hämoglobin und Zytochrom c. Es zeigte sich, daß wir bei diesen Proteinen bestimmte Bereiche finden, in denen die Aminosäurensequenzen – ganz gleich, aus welchem Organismus das Protein isoliert wurde – identisch sind und während der Evolution offenbar keinen Veränderungen unterlagen. Es handelt sich um die invariablen Bereiche, die zumeist eine Bedeutung bei der Herausbildung von „aktiven Zentren" in den Proteinen haben. In den anderen Bereichen der Eiweißkette sind offenbar Änderungen in der Aminosäurensequenz möglich, d. h., an einem bestimmten, vergleichbaren Platz befinden sich bei den Proteinen aus unterschiedlichen Quellen voneinander verschiedene Aminosäuren. Es handelt sich um die variablen Bereiche (s. dazu auch [60]). Weitere interessante Befunde konnten bei vergleichenden Untersuchungen von Faserproteinen erhoben werden, z. B. bei der Analyse von Kollagen aus Seeanemonen, Leberegeln und vom Kalb. Zum besseren Verständnis muß folgendes vorangestellt werden: Die Primärstruktur eines Eiweißes entspricht der Aminosäuresequenz; daraus resultiert eine bestimmte räumliche Faltung (Sekundärstruktur) sowie die räumliche Struktur des Gesamtmoleküls, die Tertiärstruktur. Aggregieren mehrere Moleküle, so gelangen wir zur Quartärstruktur. Auf Grund der oben bereits erläuterten Ergebnisse gibt es in der Biochemie den Lehrsatz, daß die Determinierung der räumlichen Struktur durch die Primärstruktur garantiert wird. Die Ergebnisse an den Faserproteinen [61] haben nunmehr deutlich gemacht, daß bei Kollagen die Primärstrukturen nicht konstant geblieben sind, wohl aber bestimmte Prinzipien, die durch sie bedingt werden. Invariant sind demnach in diesem Falle die prinzipiellen Voraussetzungen für die Ausbildung einer konkreten Tertiär- und Quartärstruktur. Solche invariablen Bedingungen sind, daß in jeder dritten Position ein Glyzinmolekül vorkommt und daß das Ladungsmuster entlang des Moleküls durch abwechselnde Anordnung polarer und apolarer Bereiche garantiert wird.

Die ihrem Wesen und Aufbau nach als Makromoleküle aufzufassenden Lipidmizellen sind universaler und wesentlicher Baustein der biologischen Membranen; typisch ist ihr polarer (hydrophil und hydrophob) Charakter. Variabel sind hier offensichtlich bestimmte Bausteintypen, insofern als bei tierischen Membranen Phospholipide, bei Pflanzen die zusätzlich auftretenden Glyko- und Sulfolipide überwiegen.

Ubiquitär verbreitet sich die auf bestimmte Reaktionstypen spezialisierten und nicht ersetzbaren, mit einer Eiweißkomponente zu den Proteidfermenten verbundenen Koenzyme und prosthetischen Gruppen (wie z. B. NAD, NADP, FMN, FAD, Pyridoxin, Vitamin B_1 usw.).

Gleichartig sind auch die prinzipiellen Reaktionen des *Energiestoffwechsels* (Ergobolismus) der Zellen, wobei bezüglich dieser Probleme die Forschung noch weit hinter der der Nukleinsäure- und Proteinbiochemie zurück ist und vor allem konzeptionelle Aspekte zur Forschungsstrategie vorherrschen [62]. Dennoch gilt als gesichert, daß ATP (neben einigen weiteren gleichartig aufgebauten Nukleosidtriphosphaten, wie GTP, CTP und UTP) universal und ubiquitär verbreitetes Bindeglied verschiedenster energietransferierender Systeme ist (s. auch [5]). Zur Energieübertragung dient die universale Gruppierung 𝔓–O–𝔓. Zwar gibt es drei mögliche Prinzipien für die ATP-Produktion (sogenannte Substratphosphorylierung; oxydative – s. auch Abb. 2 – und photosynthetische Phosphorylierung), wobei in einzelnen Zellen alle drei (z. B. Pflanzen) wirksam sind, in anderen durchaus ein (tierische Zellen) oder sogar zwei Prinzipien fehlen. Jedoch können diese drei Grundprinzipien keinesfalls durch irgendein anderes ersetzt werden. Berücksichtigen wir, daß für den Ablauf der photosynthetischen wie auch der oxydativen Phosphorylierung stets Membranen (der Chloroplasten bzw. der Mitochondrien) notwendig sind und die Differenzen die Art und Weise der Bildung freier Elektronen betreffen, so scheinen trotzdem auch hier gewisse einheitliche Prinzipien unverkennbar zu sein.

Auch entscheidende Stoffwechselprozesse und Biosynthesen, die den Primärstoffwechsel ausmachen, und die dazu gehörenden Enzyme, sind universell; gleichgültig, ob wir katabolische (Abbau-) Reaktionen, wie die Oxydation der Fettsäuren, die Glykolyse oder den Trikarbonsäurezyclus, oder anabole Reaktionen, darunter die Biosynthese von Fettsäuren einschließlich ihrer Kettenverlängerung, von Phospholipiden von RNS und DNS oder auch von Proteinen herausgreifen. Von dieser Konzeption der Universalität gehen auch alle diejenigen Experimente aus, in denen versucht wird, Reaktionssysteme aus Komponenten, die aus unterschiedlichen Organismen stammen, zu rekonstituieren (z. B. Rekonstitution stickstoffbindender Systeme durch Kombination von Nitrogenase aus Bakterien und Ferredoxin aus Spinatchloroplasten (Lit. s. bei [13]; zu Proteinen vgl. ferner [63]; s. auch Abb. 3). Daneben gibt es eine Vielzahl von Biosynthesen einzelner Naturstoffe, die auf bestimmte Organismengruppen beschränkt sind, dem Sekundärstoffwechsel angehören, und daher häufig für die Chemotaxonomie besonderes Interesse besitzen. Solche sekundären Naturstoffe, deren Mannigfaltigkeit erstaunlich ist, sind z. B. Alkaloide, Glykoside usw. Sehr ausgeprägt ist der Sekundärstoffwechsel bei Pflanzen und auch bei Mikroorganismen.

Auch einige grundlegende *Regulationsmechanismen* auf zellulärer Ebene sind universell, wie z. B. die bei Bakterien gut untersuchte Endprodukthemmung, Repression und Induktion entsprechend dem Jacob-Monodschen Modell. Dieses Modell gibt auch bei Eukaryoten in einer Reihe von Fällen eine gute Erklärungsmöglichkeit, reicht aber in anderen Fällen nicht immer aus, so daß von Scherrer und Marcaud ein Modell für die „Cascaden-Regulation" vorgeschlagen wurde ([64]; s. auch [33]) Die Höherentwicklung hat zweifellos noch zusätzliche Regulationen gebracht, wie z. B. die hormonale Steuerung bei Tieren.

Die grundlegenden Mechanismen und Zusammenhänge bei der Eiweißbiosynthese sind zum Kredo der Molekularbiologie geworden. Das zentrale Dogma besagt, daß die genetische Information für die Biosynthese eines spezifischen Eiweißes in der DNS, und zwar in der linearen Sequenz der vier Nukleotidsorten auf einem DNS-Strang, lokalisiert ist. Die Nukleotidsequenz der DNS wird entsprechend den Regeln der Basenpaarung (Guanin-Zytosin; Adenin-Thymin – in RNS = Urazil – in eine komplementäre Sequenz der RNS (messenger RNS = mRNS) umgeschrieben (Transkription). Damit enthalten sowohl der als Matrize dienende DNS-Abschnitt als auch der mRNS-Strang die gleiche Information. Entsprechend einer universell gültigen Übersetzungsvorschrift, dem genetischen Code (einem nicht überlappenden Triplett-Code), wird die mRNS in eine Aminosäurensequenz übersetzt (Translation). Das Translationssystem ist wesentlich komplizierter als das Transkriptions-System. Nach dieser Konzeption verläuft der Informationsfluß wie folgt (vgl. auch Abb. 1): DNS → RNS → Protein.

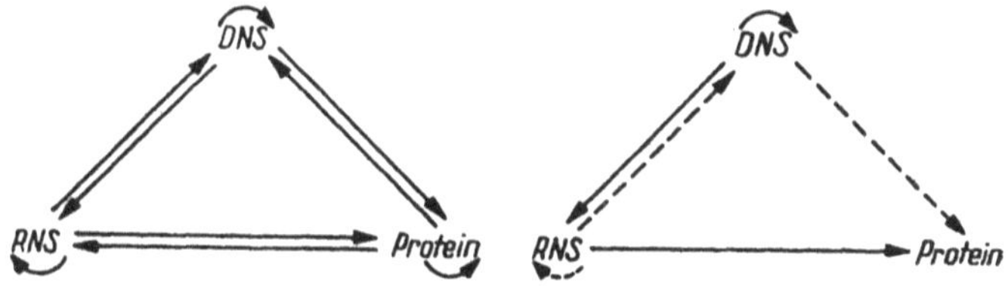

Abb. 1 Informationsfluß bei der Proteinbiosynthese.
Links: Alle denkbaren Möglichkeiten.
Rechts: Ausgezogene Pfeile = die in allen Zellen realisierten Möglichkeiten;
gestrichelte Pfeile = spezielle Transfers, die nur in einigen Zellen vorkommen;
fehlende Pfeile = nicht realisierte Transfers. [65]

Haben nun die Diskussionen über den „Teminismus" die Gültigkeit des Central-Dogmas erschüttert? ([65], dort weitere Lit.). Worum geht es hierbei? Seit langem ist bekannt, daß viele Viren nur RNS als genetisches Material enthalten (z. B. die Tumorviren). Wie können sie normale Zellen in genetisch stabile Krebszellen transformieren? Hierzu gab Temin folgende Erklärung: (vgl. auch Abb. 1) Die in die Zelle eingedrungene Virus-RNS wird zunächst in eine Provirus-DNS überschrieben, wozu ein inzwischen z. B. beim Rous-Sarkom-Virus nachgewiesenes Enzym, die RNS-abhängige DNS-Polymerase, nötig ist (Vorgriff der Theorie auf Grund von

Modellvorstellungen!). Diese Provirus-DNS kann dann in das Genom der Wirtszelle integriert werden. Somit ergibt sich noch ein neuer Informationsfluß. Die einheitlichen Prinzipien dürfen allerdings keinesfalls dazu verleiten, vom Aspekt der Vielfalt, d. h. der Spezifik biochemischer Strukturen zu abstrahieren. Diese Situation verlangt Erklärungen, wie, wann und warum ihre Evolution stattfand.

Der unlängst verstorbene sowjetische Molekularbiologe A. N. Beloserski hat mit seinen vergleichenden Analysen über die verschiedenartigen Variationen der Nukleotidzusammensetzung wesentliche Beiträge geliefert. [66] Seine Ergebnisse führten zur Entdeckung einer Korrelation zwischen der phylogenetischen Stellung des Organismus und dem für ihn charakteristischen Nukleinsäuretyp. Die Nukleotidzusammensetzung der DNS von Bakterien, Algen, Pilzen, aber auch von niederen Tieren, wie z. B. Schwämmen, ist durch eine breite Variabilitätsamplitude charakterisiert, während sie bei allen höheren Pflanzen, Wirbellosen und Wirbeltieren nur eine geringe Variabilitätsamplitude aufweist. Offensichtlich liegt die spezifische, unikale Nukleotidsequenz im DNS-Molekül allen Erscheinungen der Spezifität biochemischer Strukturen zugrunde, womit das vergleichende Studium der Nukleotidsequenz ihrer DNS eine besondere Bedeutung erlangt. Aber selbst im Falle der Entdeckung von Gesetzmäßigkeiten der Nukleotidsequenz können wir das Problem der biochemischen Spezifität schwerlich als gelöst betrachten, denn, so weist Karpinskaja [40] aus, das Phänomen Spezifität biochemischer Strukturen selbst wird weder verschwinden noch sich in seinen Ursachen auflösen. Methodologisch ist gerade das Problem der Spezifität deshalb interessant, weil es in einem dialektischen Widerspruch zu dem vorhin besprochenen Aspekt der Universalität steht. Beide Seiten erfordern eine Beachtung, da sie den Widerspruch in der Organisation molekularer Strukturen widerspiegeln: ihrem Typ nach sind sie extrem standardisiert für alles Lebende und trotzdem in ihrer individuellen Existenz unikal und nicht wiederholbar [40].

Wenn wir aus den Befunden über die biochemische Universalität des Lebenden einige Schlußfolgerungen ziehen, so erscheinen die folgenden besonders wichtig und diskussionswürdig:

a) Auf Grund aller bisher von der Molekularbiologie erhaltenen Ergebnisse über die Universalität des Lebenden kommt Bernal zu dem Schluß, daß „das Leben auf der Erde fast sicher eine Einheit darstellt“. [67, S. 204] Nicht nur alle Organismen sind genetisch verwandt, wie es Darwin annahm, sondern auch die Moleküle. Das spricht für eine einheitliche Entstehung des Lebens.

b) Es wird offensichtlich, daß ursprüngliche Fragen, die in der Evolution vorrangig gelöst werden mußten, offenbar die *Replikation* und die Fragen der *Energietransformation* waren. [5; 40] Demnach müßten die replikativen Systeme und die Primärmechanismen der Energietransformation bei allen Lebewesen im Prinzip gleich gewesen sein. Aufbauend auf Grundreaktionen konnten sich allerdings später noch effektivere Methoden zur Energiegewinnung entwickeln (z. B. aerobe Atmung, später Photosynthese). Die über 2–3 Milliarden währende Evolution hat offensichtlich niemals Veränderungen der Grundprinzipien der universalen Systeme betroffen, sondern nur jeweils Variationen von Details.

c) Nach experimenteller Bestätigung der Konzeption von der biochemischen Universalität, die seitens der Morphologie und Physiologie nur vorgeschlagen werden konnte, durch die Molekularbiologie müssen nunmehr die methodologischen Prinzipien eingehend analysiert werden, um zu einem besseren Verständnis des dialektischen Zusammenhangs von Variablem und Invariablem zu kommen, d. h., es ergibt sich die methodologische Forderung, die Stabilität als Schlüsselproblem für die Erkenntnis des Lebens zu untersuchen. Gerade deshalb muß die biochemische Universalität stets als Resultat einer historischen Entwicklung, der Evolution, erklärt werden, was eine dialektische Denkweise verlangt (s. auch [40]).

2. Auch die Molekularbiologie bestätigt, daß die biologische Entwicklung einmalig, spiralig ansteigend ist und daß starre und feste Linien mit der Entwicklungstheorie unverträglich sind [14]. Interessant ist nun der weitere aus obigen Darlegungen folgende Fakt, daß es bei den in der Natur vorkommenden Molekülen und Makromolekülen insofern eine Begrenzung gibt, als nicht alle denkbaren Möglichkeiten realisiert sind. Es ist eine dialektische Begrenzung, die jeweils bereits wieder den Weg zu einer neuen Vielfalt einschließt. Eine derartige

innere Widersprüchlichkeit führt zur Dialektik von Mannigfaltigkeit und Einheitlichkeit im Evolutionsprozeß. [5; 40]

Zur Spezifität biochemischer Strukturen und Prozesse kommen wir u. a. dadurch, daß im lebenden Organismus nicht alle denkbaren Möglichkeiten realisiert sind (s. auch Abb. 1). Das kommt bezüglich des Aufbaus von einfachen als auch von Makromolekülen zum Ausdruck, u. a. ihrer räumlichen Konfiguration, den Wechselbeziehungen zwischen Bausteinen von Makromolekülkomplexen (z. B. Quartärstruktur von Eiweiß), ebenso in der Individualität biologisch aktiver Moleküle (z. B. Hormone, Immuneiweiße usw.). So kommen im Organismus im allgemeinen nur Aminosäuren der *l*-Reihe vor (während der Chemiker sogenannte Razemate, bestehend aus 50% *l*- und 50% *d*-Aminosäuren synthetisiert), und nur diese können von den Fermenten umgesetzt werden bzw. als Eiweißbaustein dienen. In seltenen Fällen, z. B. in einigen Antibiotika, treffen wir *d*-Aminosäuren an. Darüber hinaus sind alle in Eiweiße eingebauten Aminosäuren α-Aminosäuren, und ihre Verknüpfung zu Peptidketten erfolgt nur in der all-trans-Stellung (obwohl ja beispielsweise auch eine cis-Stellung denkbar wäre). Die Zucker hingegen, die in den Organismen vorkommen, gehören alle zur *d*-Reihe. Obwohl der organischen Chemie eine Vielzahl von Isomeren des Squalens bekannt ist, findet man in Organismen nur ein einziges Isomer.

Für die Auswahl der gerade im lebenden Organismus vorkommenden Molekülart aus einer Vielzahl bekannter (z. B. verschiedene optische und geometrische Isomeren) sind bestimmte Faktoren maßgebend, wie Stabilität der Moleküle, Reaktionsbereitschaft, Fähigkeit, mit Makromolekülen bestimmte Wechselwirkungen einzugehen, energetisch begünstigende Faktoren und chemische Eigenschaften.

So erklärt sich die zentrale Rolle des Wassers, das oft mehr als 90% der Zellmasse ausmacht, gerade daraus, daß es als Lösungsmittel mit seinen physikalisch-chemischen Eigenschaften, insbesondere seinem Dipolcharakter, viele Eigenschaften der in ihm gelösten Stoffe bestimmt. Zwar wäre auch ein lebendes System mit Alkohol als Lösungsmittel denkbar, aber dann müßte man eine völlig neue Biochemie mit neuen Bausteinen aufbauen. [5]

Eine andere Frage, die öfters auftaucht, lautet, ob nicht auch Silizium anstelle von Kohlenstoff als organogener Grundbaustein auftreten könnte? Die zentrale Rolle des Kohlenstoffs basiert darauf, daß er einerseits die Fähigkeit besitzt, sich mit anderen Kohlenstoffatomen zu verbinden, selbst Doppel- und Dreifachbindungen auszubilden, wodurch Ketten beliebigen Ausmaßes und verschiedener Struktur entstehen können. Aus der Vierwertigkeit folgt, daß drei Valenzen zum Aufbau einer räumlichen Struktur dienen können, während eine Valenz zur Bindung einer funktionellen Gruppe als Modulator chemischer Eigenschaften fungieren kann. Zwar zeigt Silizium eine mit Kohlenstoff vergleichbare Tendenz zur Bildung längerer Molekülketten, doch erlauben bestimmte Unterschiede der Reaktionsfähigkeit des Siliziums, die sich aus seinem atomaren Aufbau ableiten [68], die Annahme, daß bei weitem nicht eine solche Vielzahl von Makromolekülen möglich ist. Eine weitere wesentliche Ursache für die Untauglichkeit des Siliziums ergibt sich aus der fehlenden Reaktionsbereitschaft des Siliziums, Mehrfachbindungen mit anderen Atomen einzugehen.

Diese Beispiele zeigen deutlich, daß die moderne Biologie – wenn sie sich mit molekularbiologischen Fragen beschäftigt – heute ohne tiefgreifende Kenntnisse der allgemeinen Chemie nicht auskommt und daß das Zusammenwirken der Biochemie und der allgemeinen Chemie zu theoretisch wichtigen Aussagen für das Verständnis des Lebens führt (s. dazu auch [14]).

3. Die Molekularbiologie hat die engen Zusammenhänge von Struktur und Funktion, insbesondere auch durch das Studium vieler Zellorganellen (Mitochondrien, Chloroplasten, Ribosomen, Membranen), nachgewiesen. Die lebenden Systeme sind bis hinab zur molekularen Ebene stark strukturiert und kompartimentiert, was für Regulationen bedeutsam ist. Elektronenmikroskopie und Röntgeninterferenzanalyse sind für das strukturelle Herangehen, analytisch-biochemische Methoden, vor allem die Enzymologie, für das funktionelle Herangehen wesentlich. In einigen Fällen konnte mit den Methoden der Strukturforschung bis in molekulare Dimensionen vorgedrungen werden, obwohl oftmals nicht immer genügend beachtet wird, daß die verschiedenen Untersuchungsmethoden in voneinander unterschiedenen Dimensionen eingesetzt werden und daher nicht immer unmittelbar ver-

glichen werden können. Die Struktur der Systeme darf man niemals als statisch, sondern muß sie stets als dynamisch betrachten, d. h., die Struktur ist zeitlich variabel. [30]

Die Art und Weise des Herangehens an die Untersuchung von Zusammenhängen zwischen Struktur und Funktion soll an folgendem Beispiel verdeutlicht werden: Racker [69] konnte zeigen, daß die von dem sowjetischen Biochemiker Engelhardt entdeckte oxydative Phosphorylierung nur dann in den inneren Mitochondrienmembranen stattfinden kann,

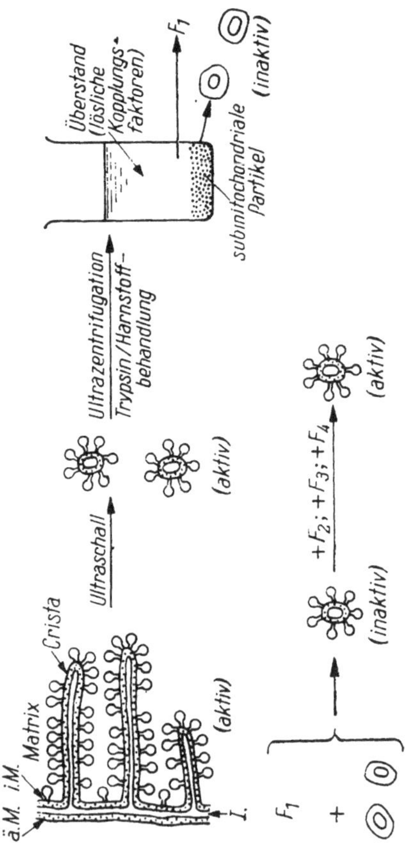

Abb. 2 Rekonstitution funktionsfähiger Partikel der inneren Mitochondrienmembran
(es bedeuten:
ä. M. = äußere Membran;
i. M. = innere Membran;
I. = Intracrista-Raum).
Erklärung siehe im Text. [69]

wenn sie eine bestimmte Struktur besitzen (s. Abb. 2). Mitochondrien, die „Kraftwerke der Zelle", bauen sich, wie elektronenmikroskopische Bilder zeigen, aus einer gegen das Protoplasma der Zelle abgrenzenden äußeren Hüllmembran und einer gegen den Matrixraum abschließenden inneren Cristamembran auf. Dazwischen liegt ein Intracristaraum. Die innere Membran enthält die Elektronentransportkette (in gesetzmäßiger Reihenfolge angeordnete Enzyme und Kofaktoren), und in den „Köpfchen" (kugelförmige Gebilde von 85 Å Durchmesser auf der Innenseite der inneren Membran mit Stiel) sind Enzyme und offenbar noch weitere Kopplungsfaktoren lokalisiert, die für die Übertragung der durch Oxydation frei werdenden Energie auf ADP unter Bildung von ATP verantwortlich sind. Mittels Ultraschall lassen sich die inneren Membranen noch funktionsfähig heraustrennen. Diese submitochondrialen Partikel zerfallen nach Behandlung mit dem Enzym Trypsin und mit Harnstoff, d. h. die „Köpfchen" gehen als Faktor F_1 in Lösung, und es bleiben inaktive, „köpfchenfreie" Innenmembranen übrig. Sie können kein ATP mehr bilden. Durch geeignetes Zusammenfügen derartiger Innenmembranen mit F_1 lassen sich durch Selbstmontage Partikel rekonstituieren, die morphologisch den Ausgangspartikeln völlig gleich sind, allerdings noch inaktiv. Erst durch Hinzufügen weiterer Faktoren (offenbar Proteine, die noch nicht näher bekannt sind und bei der Behandlung ebenfalls in Lösung gehen) wird auch die Funktion wiederhergestellt. Es muß also auch die Struktur auf molekularer Ebene, und so weit dringt das Elektronenmikroskop hier nicht vor, wiederhergestellt sein, um funktionsfähige Partikel zu gewinnen.

Die Untersuchungen über die Mitochondrienmembranen haben darüber hinaus noch eine andere interessante Eigenschaft gezeigt, die „Allotopie" („andere" „Position"), d. h., Enzyme, die an Membrane gebunden sind, haben andere Eigenschaften als solche, die gelöst sind. Während die gelöste ATPase Oligomyzin-unempfindlich ist, blockiert dieses Antibiotikum das membrangebundene Enzym (s. Abb. 3). Andererseits bewirkt aber auch das Enzym seinerseits Änderungen in der Membran, die unter bestimmten Bedingungen, z. B. durch „Altern" oder „Verdünnen", zur Regeneration aktiven Enzyms aus Inhibitor-blockiertem Enzym führt.

Die zielstrebige Einführung von Konzeptionen und Methoden der Physik und Chemie in die Biologie und das Vordringen der Forschung auf die molekulare Ebene verlangen erneut eine Beantwortung der Frage, welche Beziehung die biologische Bewegungsform der Materie zur physikalischen (und chemischen) hat. Im Grunde geht es dabei gleichzeitig um das

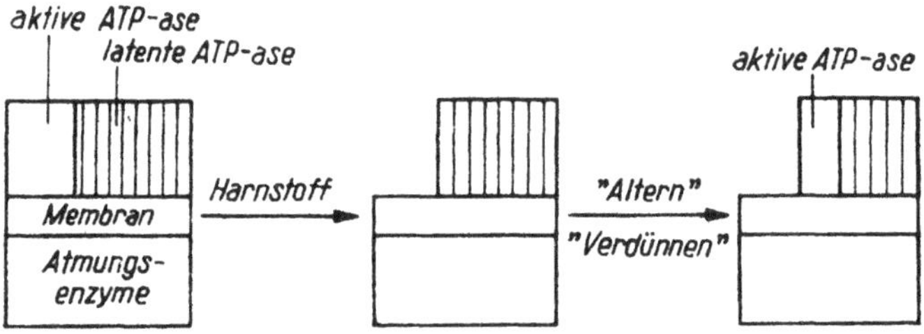

Abb. 3 Allotopie. Lösliche ATP-ase ist Oligomyzin-resistent. Bindung des Enzyms an die Membran bewirkt Oligomyzin-Empfindlichkeit. Die größte Menge des membrangebundenen Enzyms ist durch einen Inhibitor blockiert. Harnstoffbehandlung entfernt nur die aktive ATP-ase; nach einiger Zeit regeneriert aus latentem Enzym eine gewisse Menge aktiven Enzyms. Trypsinbehandlung wandelt die gesamte latente ATP-ase in aktive um. [69]

Verhältnis von chemischer, biochemischer und organischer Evolution.

Die Ergebnisse der Molekularbiologie haben ebenfalls bestätigt, daß sich die biologische Bewegungsform der Materie mit Hilfe der physikalischen und chemischen Gesetze erklären läßt und für die lebenden Systeme keine metaphysischen, von der Wissenschaft nicht erkennbaren Faktoren erforderlich sind. Engelhardt definiert wie folgt: „Leben ist eine besondere, im Vergleich zur physikalischen und chemischen höhere Form der Existenz der Materie". [70, S. 84] Die Eigenständigkeit der Biologie beruht vielmehr darauf, daß biologische Systeme, und das ist entscheidend für die neue Qualität, eine wesentlich höhere Ebene der Komplexität des Systems mit starker innerer Determiniertheit, komplizierter Organisation und ausbalanzierter Regulation darstellen (s. auch [20; 30; 33]). Lebende Systeme sind so hochgradig kompliziert, daß für die Theorienbildung in der Biologie neue Begriffe benötigt werden, die in der Physik noch keine Rolle spielen (z. B. „Vererbung", „Gen", „Reiz" usw.). Biologische Gesetze tragen integralen Charakter und widerspiegeln nicht einfach Gesetze des Verhaltens auf niederer Ebene noch lassen sie sich auf diese reduzieren. Auch die Konzeption einer verallgemeinerten Komplementarität, wonach die biologischen Gesetze als eine Ergänzung zu den physikalischen zu verstehen seien, ist falsch. Die Anerkennung einer qualitativen Spezifik der biologischen Form der Bewegung durch die Mehrzahl der Naturwissenschaftler ist ein Beweis für die Nutzung der Methodologie des dialektischen Materialismus durch die Naturwissenschaftler.

In diesem Zusammenhang taucht auch die Frage auf, worauf diese Erfolge der Molekularbiologie zurückzuführen sind.

Der bedeutende sowjetische Biochemiker Engelhardt hat die Molekularbiologie als „Kind des Reduktionismus" bezeichnet [71], d. h. die Molekularbiologie gliedert zunächst komplizierte Systeme in einfachere auf und analysiert diese. Die Berechtigung zu diesem Vorgehen leitet sich aus der biochemischen Universalität des Lebenden ab.

Engelhardt beschäftigt sich eingehend mit dem Problem „Teil – Ganzes", wobei er eine Reihe von Begriffen einführt, über deren Notwendigkeit es unterschiedliche Auffassungen gibt [34; 40]. Der „Integratismus" untersucht das Entstehen von Verbindungen und Wechselbeziehungen zwischen Teil und Ganzem, was einerseits Verlust und Reduktion bestimmter Eigenschaften der Teile bei der Bildung neuer Gesamtheiten und andererseits die Entstehung neuer Eigenschaften des Ganzen zur Folge hat. Als richtenden Faktor auf allen Stufen der Integration führt er den Begriff „integrative Information" ein, worunter er die Gesamtheit der Eigenschaften versteht, die das Vorhandensein von Verbindungskräften zwischen den Komponenten einer Gesamtheit bedingen (Hauptvalenzbindungen, schwache Wechselwirkungen, wie Ausbildung von Wasserstoffbrücken, Dipol-Dipol-Wechselwirkungen, London-van-der-Waals-Kräfte). Er gliedert noch weitere Typen der „integrativen Information" aus, die „endogene Information" (z. B. bei Polysacchariden), die den sich zusammenfügenden Bausteinen immanent ist, und die „exogene Information", die beim Matrizenmechanismus der Nucleinsäure- und Eiweißsynthese wirksam ist.

Die Aufgabe des Integratismus wird an Hand des Beispiels der „Selbstmontage" von t-RNS auf Grund der von Bajew und Mitarbeitern erhobenen Befunde erläutert (Abb. 4): Valyl-

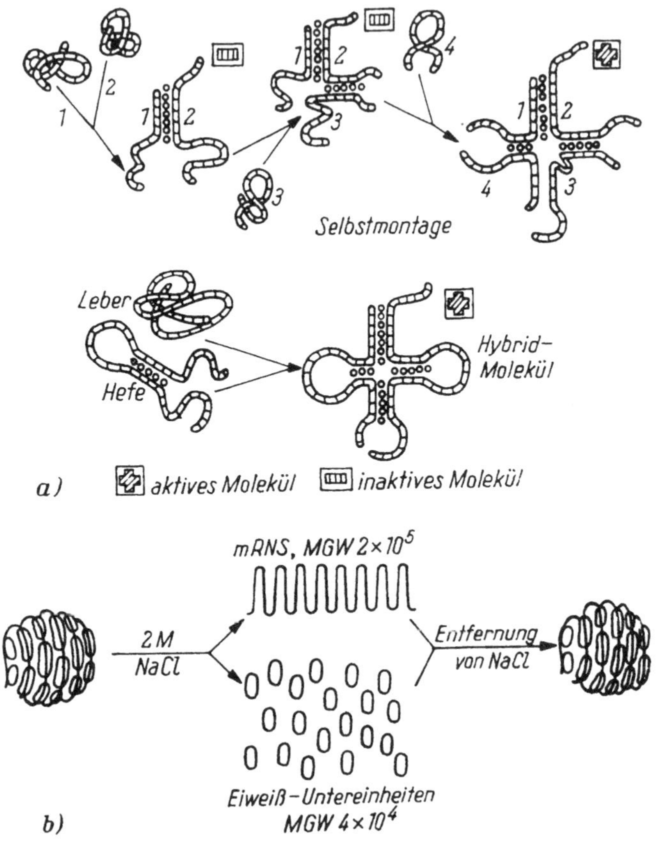

Abb. 4 Oben: Selbst-Montage von t-RNS und Bildung eines Hybridmoleküls durch Selbstmontage.
Unten: Bedingungen für den Zerfall und die spontane Rekonstruktion eines Molekularsystems aus Protein und messenger-RNS. [71] [72]

t-RNS aus verschiedenen Quellen (Hefe, Leber) wird durch geeignete Abbaumethoden in wesentlich kleinere Bruchstücke zerlegt, die inaktiv sind. Wie weit muß man sie nunmehr wieder zusammenfügen, damit ein aktives Molekül entsteht? Die Selbstmontage der Teilstücke erfolgt mit solch einer Exaktheit, daß, vorausgesetzt, alle notwendigen Einzelteile sind vorhanden, wieder ein arbeitsfähiges Molekül herauskommt, dem allerdings einige Hauptvalenzbindungen fehlen können, die offenbar für die Funktion nicht notwendig sind. Entscheidend ist, daß bei der Selbstmontage alle für das Funktionieren des Moleküls erforderlichen Bindungen wiederhergestellt werden. [72] Mit diesem Beispiel wurde nur ein einfacher Fall für das Aggregieren von Teilen zu einem funktionsfähigen Ganzen dargestellt. Interessant ist dabei, wie der untere Teil der Abbildung zeigt, daß auch funktionsfähige „Hybrid-Moleküle“ entstehen können.

VI. Zu einigen Problemen, die die moderne Biologie zu bearbeiten hat

Die Molekularbiologie, die mit ihren spezifischen Methoden das „Wesen des Lebens“ analysiert, ist längst über eine deskriptive, klassifizierende, vergleichende und historisch vergleichende Phase hinaus. Der Entwicklungsgedanke, die evolutionäre Betrachtung und damit das historische Herangehen, gewinnt immer mehr an Bedeutung. [34; 40; 58] Damit berühren wir ein sehr wesentliches Feld der Wechselbeziehungen von Philosophie und Naturwissenschaften, das Problem der dialektischen Denkweise. Mit Hilfe dieser methodologischen Voraussetzungen wird es möglich sein, die Vorstellung vom Prozeßcharakter deutlich herauszuarbeiten.

Die lebende Materie ist durch die unikale Eigenschaft der Selbsterneuerung gekennzeichnet. Alle lebenden Systeme sind bezüglich der Dreieinheit (nach Karpinskaja [40]) des Stoff-, Energie- und Informationsflusses offene Systeme und dadurch theoretisch wesentlich schwieriger als geschlossene zu behandeln. Lebende Systeme sind grundsätzlich nicht in einem thermodynamischen Gleichgewicht und nähern sich diesem auch nicht asymptotisch [30]. Sie sind ständig in Entwicklung, was sowohl für das Individuum (Ontogenese, s. Abb. 6) als auch für die Gesamtheit der Organismen (Phylogenese) zutrifft, d. h., es gibt weder in der Ontogenese noch in der Phylogenese ein System, das sich in einem zeitunabhängigen Zustand befindet.

Karpinskaja [40] arbeitet als Aufgabenstellung für die Molekularbiologie drei Ebenen, die intensives Studium erfordern, heraus:

1. Das Verhältnis der biologi chen Form der Bewegung zu anderen Bewegungsformen der Materie (hierauf sind wir bereits in V. ausführlich eingegangen).

2. Die Spezifik der biologischen Form der Bewegung und ihr Verhältnis zu genetischen Vorläufern, d. h. die Frage nach der Entstehung lebender Materie.

Hierzu hat Nobelpreisträger Eigen [73] kürzlich interessante, naturwissenschaftlich und weltanschaulich fundierte Vorstellungen entwickelt. Der moderne Stand der Kenntnisse über die Eiweißbiosynthese scheint die uralte Frage „Wer war eher da, die Henne oder das Ei?" in einer neuen Variante aufleben zu lassen. [74] Sie könnte lauten: „War das Protein oder die Nukleinsäure zuerst vorhanden?". Um einer Antwort näher zu kommen, sollte man die Begriffe Protein durch Funktion und Nukleinsäure durch Information ersetzen. Eigen weist nach, daß die Analyse der Reproduktionsmechanismen von Nukleinsäuren und Eiweißen keine nur lebender Materie eigene Kräfte oder Wechselwirkungen aufweist. Die Evolution lebender Systeme wird vielmehr durch ein charakteristisches, aber nicht nur auf Lebendes beschränktes, durch physikalische Gesetzmäßigkeiten begründbares Selektionsverhalten bedingt. „Zum Zusammenfügen der Einzelprozesse wird man keine neue Physik brauchen, obwohl am Ende etwas anderes herauskommt, was für die Physik neu ist, d. h. die Biologie!". [74] Eingehend wird begründet [73], welche physikalischen Prinzipien diesem Prozeß zugrunde liegen; Begriffe wie Selektionszwang und Selektionswert lassen sich physikalisch und quantitativ formulieren. Das für die Theorie der Informationserzeugung charakteristische und physikalisch begründbare Wertkonzept steuert den Optimierungsprozeß der Evolution. Ebenso macht die diesem Vorgang eigene, zeitliche Vorzugsrichtung, die in den Stabilitätskriterien der thermodynamischen Theorie irreversibler Prozesse ihren Ursprung hat, die Evolution zu einem grundsätzlich unabdingbaren Ereignis (Prinzip von Prigogine und Glansdorff). Entsprechend dem Weizsäckerschen Optimalitätsprinzip wird auf Grund der Selektion ein Biosystem auf dem schnellsten und unter den entsprechenden Umweltbedingungen möglichen Weg entwickelt. Offenbar wird in der Natur ein Weg beschritten, der ein Minimum an Zeit erfordert.

Somit ist die Entstehung des Lebens tatsächlich an eine Reihe von Eigenschaften geknüpft, die sich sämtlich physikalisch eindeutig begründen lassen. Vermutlich wird diese Vorbedingung zur Herausbildung der Evolution schrittweise erfüllt worden sein, so daß der „Ursprung des Lebens" ebensowenig wie die Evolution als einmalig vollzogener Akt darstellbar ist.

In diesem Zusammenhang ist interessant [33], wie unter V. schon angedeutet, daß die Struktur der Zellen aller Organismen einheitlicher – ungeachtet verschiedenster möglicher Differenzierungen – ist, als man nach 3 Milliarden Jahren darwinistischer Evolution annehmen sollte. So muß schon bei präkambrischen Flagellaten die Grundstruktur, d. h. ihre Garnitur an Zellorganellen, so ausgebildet gewesen sein, daß sie in der Evolution kaum „verbessert" worden ist. Die Evolution hat bei Tieren und Pflanzen offenbar weniger die Zellen betroffen; vielmehr wurden Fortschritte dadurch erreicht, daß vielzellige Systeme mit Arbeitsteilung und Differenzierung entstanden. Die Dialektik besteht darin, daß die verschiedenen Gewebe aber eben auf Grund der Differenzierung der Zellen im Gesamtsystem entstehen.

Höhere Pflanzen und Tiere enthalten Billionen von Zellen, die weder gleich noch zufallsmäßig zusammengefügt sind. Vielmehr sind sie in einer spezifischen Art und Weise differenziert und spezifisch zu Geweben, Organen und schließlich zum Organismus zusammengefügt. Physiologische Untersuchungen müssen immer die strukturelle Komplexität berücksichtigen, womit auch solche Probleme wie „Minimalzelle" [5; 40], „Teil – Ganzes" in engem Zusammenhang stehen. Nur auf der Grundlage des dialektischen Materialismus ist eine adäquate Interpretation möglich.

Hieraus leitet Karpinskaja [40] auch den dritten Problemkreis ab:

3. Die Spezifik innerhalb der biologischen Bewegungsformen auf verschiedenen Stufen der Organisation des Lebenden (Hierarchie der Komplexität).

Interessant ist in dieser Hinsicht, daß jede Zelle die komplette genetische Information des Genoms des Organismus enthält; und sogar die meisten Gene in einer Zelle sind zum jeweils betrachteten Zeitpunkt funktionslos. Unter Einwirkung entsprechender Umweltbedingungen bildet die

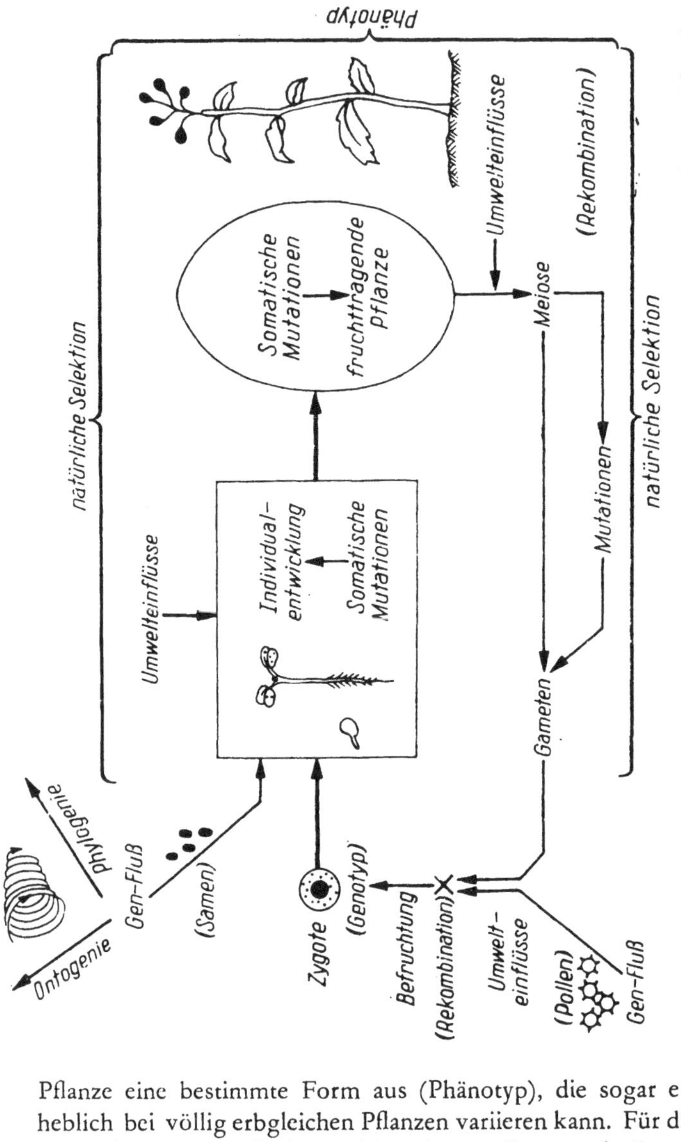

Abb. 5 Schematische Darstellung der Beziehungen zwischen den Hauptkräften der Evolution: Mutation, Rekombination und natürliche Selektion. [8]

Pflanze eine bestimmte Form aus (Phänotyp), die sogar erheblich bei völlig erbgleichen Pflanzen variieren kann. Für die Entwicklungsphysiologie resultiert daraus die zentrale Fragestellung: „Wie wird die Entwicklung einer omnipotenten Zelle in eine bestimmte Richtung gelenkt?“ Der berühmte Entwicklungsphysiologe Klebs ([75]; s. auch [76]) formulierte schon 1913, daß die Entwicklung der Pflanzen durch die spezifische Struktur und die Wirkung innerer und äußerer Faktoren bestimmt wird; in unserer heutigen Terminologie ausgedrückt heißt das, durch genetische, hormonelle und Umweltfaktoren. Und so ist, wie vorn bereits gezeigt, in der Biologie die Kausalanalyse als Faktorenanalyse zu verstehen. Die vielfältigen Modelle, die schließlich auf Grund der experimentellen Befunde aufgestellt wurden, spiegeln dabei die Dialektik im Erkenntnisprozeß wider.

Erläutern wir kurz noch folgendes Beispiel (s. Abb. 5):

Ob ein Keimling Farbstoffe bildet oder nicht, ob er ein langes oder kurzes Hypokotyl hat usw., hängt von ganz bestimmten Bedingungen ab, auf die die Keimlinge aber nur während einer ganz definierten Entwicklungsphase ansprechen (potentiell aktive Gene!). Hellrotes oder energiereiches Blaulicht (als Umweltfaktor), aber auch Kinetin als Phytohormon können bei Amaranthus die Farbstoffbildung auslösen; dunkelrotes Licht oder Gibberellinsäure unterdrücken sie mehr oder weniger stark. Wenn später die potentiell aktiven Gene blockiert sind, haben diese Faktoren bezüglich der Farbstoffbildung im Keimling keine Wirkung mehr, die Gene verhalten sich wie die inaktiven. Durch Aktivierung der potentiell aktiven Gene wird offenbar der Proteinsynthesemechanismus in Gang gesetzt, entsprechende Enzyme, die dann aus im Stoffwechsel anfallenden Vorstufen den Farbstoff synthetisieren, werden gebildet. [77] Der letzte Schluß folgt aus entsprechenden Versuchen unter Einsatz von Hemmstoffen der Nukleinsäure- bzw. Proteinbiosynthese.

Die Entwicklungsphysiologie, auf eine molekulare Grundlage gestellt, wirft noch viele weitere interessante Fragestellungen auf, auf die hier nur hingewiesen sei.

Überraschend war die Entdeckung, daß die DNS in höheren Organismen zu einem mehr oder weniger großen Anteil (20–80%) aus multiplen Kopien gleicher oder außerordentlich ähnlich gebauter Basensequenzen besteht. Sind diese multiplen Kopien ubiquitär verbreitet? Welche Rolle spielen sie? Haben sie eine Bedeutung für die Regulation? Wie ist ihre evolutionäre Entwicklung? (s. dazu [78])

Zuckerkandl, der zunächst darauf aufmerksam macht, daß das biogenetische Grundgesetz von Haeckel ohnehin meist mechanistisch und unzulässig extrapoliert angewendet wird, stellt nunmehr die Frage, ob es auch auf molekularer Ebene Gültigkeit hat. [79] Einige Vertebraten-Hämoglobinketten sind bei fötalen und erwachsenen Organismen bekanntlich verschieden. Zuckerkandl konnte nachweisen, daß die Hoffnungen, das fötale, embryonale Hämoglobin sei „primitiver" als das im erwachsenen Organismus (im Sinne von weniger hoch organisiert), illusorisch sind. Es gibt keine Basis dafür, von einem Globinmolekül in einem Organismus als höher oder niedriger organisiert zu sprechen. Die Frage muß aus bestimmten Gründen, die wir hier nicht analysieren wollen, vielmehr lauten, welches der Hämoglobine eines Organismus ist einem gemeinsamen Molekülelter strukturell am ähnlichsten. Wenn auf dieser Ebene der molekularen Forschung das Haeckelsche Grundgesetz nicht gilt, ergibt sich schon die nächste interessante Frage: Welche molekulare Basis hat dann die Rekapitulation, also eine morphogenetische Veränderung in der ontogenetischen Entwicklung? Auch hierüber gibt es bereits Hypothesen, die die Front der Forschung abstecken.

Wie wird die weitere Entwicklung der Biologie verlaufen?

Es wird immer deutlicher, daß nur die Synthese differenzierten biologischen Wissens letzlich zum Verständnis der einheitlichen Natur des Lebens und seiner immanenten Eigenschaften, wie u. a. des ständigen Entwicklungsprozesses, der Autoreproduktion und Autoregulation führen kann. So wirkt sich eine ungenügende Kenntnis der Evolution bei Molekularbiologen ebenso ungünstig aus wie eine nicht ausreichende Kenntnis der Molekularbiologie, Molekulargenetik bei der Behandlung der Evolution. [40] Eine Richtung zur Untersuchung des Entwicklungsprinzips in der Biologie hat das Ziel, die „Evolution der Organisation" aufzudecken. Das erfordert exakte Kenntnis der Objekte, Erfassen der Organisationsprinzipien und dialektisches Herangehen an die Feststellung der Gesetzmäßigkeiten der Formbildung. Nur auf diese Weise wird es möglich sein, die Prozesse, die zur Vielfalt der Formenbildung führten, zu verstehen und die inneren Impulse für die Entwicklung zu erkennen. Daraus leiten sich zwei Aufgaben für die Evolutionsbiochemie ab, und zwar die vergleichende Analyse der biochemischen Struktur und Funktion sowie die Untersuchung der Artunterschiede in den Prozessen und

Makromolekülen. Die Systematik wird damit ein wichtiger Partner für die Evolutionsbiochemie. Erfolgversprechende Ergebnisse liegen schon für die vergleichenden Untersuchungen zur Evolution des Hämoglobins und einiger Fermente vor.

Eine außerordentlich wichtige Aufgabe kommt der Molekularbiologie vor allem deshalb zu, weil neben Rekombination und Selektion (s. Abb. 6, ferner [8; 80]) die Mutation ein

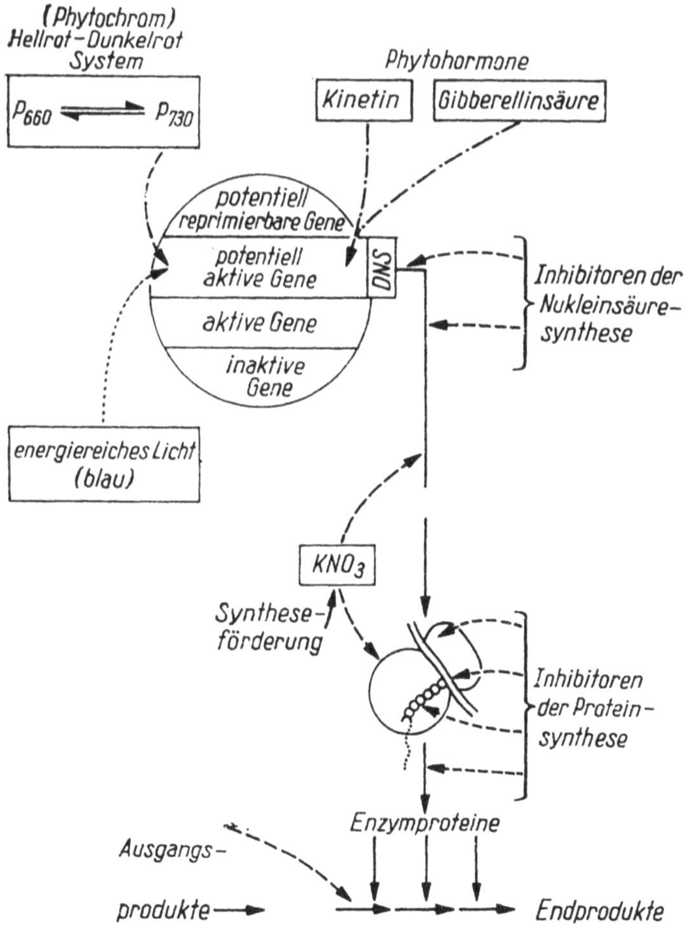

Abb. 6 Modifizierende Wirkung von Umweltfaktoren. Darstellung der Hypothese der differentiellen Genaktivierung und -reprimierung. ([77]; vgl. auch [33])

wesentlicher Evolutionsfaktor ist. [40] Wegen der Endlichkeit der Wechselwirkungsenergien sind alle Reproduktionsprozesse mit einer gewissen Fehlerrate behaftet. Auf Grundlage physikalischer Gesetze lassen sich die genetischen Theorien der natürlichen Selektion ausbauen [81], damit auch die „Evolution einer natürlichen Sprache".

Gerade bei der Interpretation hierarchischer Bezugssysteme (z. B. „Cistron" – „Operon" usw.) als auch bei der Hierarchie von Ebenen (Information – Zelle – Individuum – Population) ist die dialektische Methode eine große Hilfe. [40] Die Lösung dieser Fragen bedeutet andererseits auch eine Weiterentwicklung des dialektischen Materialismus, vor allem seines Kategorienapparates. Eine wesentliche methodologische Funktion hat der Begriff Selektion, da sie als Triebkraft der Evolution anzusehen ist. Wie Eigen [73] nachgewiesen hat, ist die Evolutionskonzeption nicht nur auf Lebendes beschränkt. Der Darwinsche Begriff der natürlichen Auslese – oft mechanistisch angewandt – hat sich inhaltlich und begrifflich weiterentwickelt, was in hohem Maße vom Beherrschen des dialektisch-materialistischen Herangehens an die Fragen abhängt. Während bei Darwin der eliminierende Aspekt vorherrschte („Überleben der am besten Angepaßten"), zieht man heute den Terminus „Zugrundegehen von Nicht-Angepaßtem" vor. [40] Damit wird auch die stabilisierende Auslese [27] besser erklärbar.

In der Tat gehen heute auch alle Theorien über die Entstehung des Lebens auf der Erde von der Wirkung der Selektion aus. Sie unterscheiden sich jedoch durch ihre Grundmodelle, ihre evolutionären Substrate (z. B. Koazervate bei Oparin usw.), [40] sowie durch die Interpretation der vorherrschenden Gesetzmäßigkeiten. Dabei werden sowohl Unterschiede im naturwissenschaftlichen Material als auch in der Auffassung der Entwicklungskonzeption offenbar.

Diese Ausführungen verdeutlichen nochmals, daß die Zeit für die Entwicklung einer „Theoretischen Biologie" herangereift ist, womit eine enge Zusammenarbeit von Naturwissenschaftlern und Philosophen nötig wird.

VII. Welche Angriffe gegen den Marxismus gibt es heute?

Wenn wir die Literatur verfolgen, so können wir feststellen, daß es nicht an Versuchen fehlt, die Ideologie des imperialistischen Herrschaftssystems zu unterstützen und klerikale Denkweisen zu verteidigen. Zweifellos spielen derartige Publikationen, die Prinzipien der wissenschaftlichen Arbeit verletzen, bei der Meinungsmanipulation eine nicht zu unterschätzende Rolle. Ausführlich werden diese Fragen von Hollitscher [82] behandelt, so daß wir hier nicht mehr auf Einzelheiten einzugehen brauchen.

Der dialektische Materialismus verlangt, wie vorn schon betont wurde, einen konkreten Nachweis der Fakten und wendet sich gegen jegliche mechanistische und unzulässige Extrapolation. So bestreitet der dialektische Materialismus keinesfalls, daß es z. B. auch beim Menschen instinktive Verhaltensabläufe gibt; er weist aber auch nach, daß nicht jegliches Verhalten instinktgeprägt ist, wie entsprechende Untersuchungen belegen. Der Nachweis der Aggressivität muß stets konkret geleistet werden, da die Verhaltensforschung auch zahlreiche Beispiele kennt, die verdeutlichen, daß nicht alle Arten, Familien, Gattungen und Ordnungen spekulativ gleichgestellt werden dürfen.

Es geht also um eine wissenschaftliche Auslegung bei der Behandlung des Problems, welchen Anteil Erbgut und Erfahrung an der Entwicklung eines jungen Organismus haben. Wieviel ist anlagemäßig vorprogrammiert? Welchen Einfluß haben die verschiedensten Umweltfaktoren? Es konnte gezeigt werden, daß der Einfluß des Erbgutes zwar sehr groß, aber auch zeitlich begrenzt ist. [83] Außerordentlich wesentlich sind offensichtlich für die ontogenetische Entwicklung, auch des Menschen, allerfrüheste Erfahrungen. In diesen Zusammenhängen macht Dubinin [84, 85] auf den Faktor der „sozialen Vererbung“ aufmerksam. In der Tat wurde gezeigt, daß gerade die dem Menschen am nächsten stehenden lebenden Affen, die Pongiden, keinerlei angeborenes Revierverhalten und keinen territorialen Instinkt haben.

Von einigen Leuten werden aber Forderungen, die an ein wissenschaftliches Herangehen zu stellen sind, umgangen, um Materialien vorzulegen, die die imperialistische Ideologie stützen. Der Zweck solcher Manipulationen wird offensichtlich, wenn z. B. der Chikagoer Schriftsteller Ardrey zur ungarischen Konterrevolution äußert, sie sei die Mobilisierung „des territorialen Instinktes eines ganzen Volkes" (s. [86]; ausführlich dazu [82]). Welche den gesicherten Ergebnissen des historischen Materialismus hohnsprechenden, meinungsmanipulierenden Äußerungen! Im Februar erschien in der westdeutschen Tageszeitung „Die Welt" ein Gespräch mit dem Nobelpreisträger J. Monod über sein Buch „Le Hasard et la Nécessité". [23] In diesem niveaulosen, aber für die Zeitung typischen Interview äußert Monod u. a.: „Ich habe auf den letzten zwanzig Seiten den Marxismus entlarvt. ... Ich habe den Marxismus eine schlimme Lüge genannt ...!" Gegenüber diesen Ausfällen verhalten sich auch viele profilierte westliche Wissenschaftler (z. B. Eigen, Dobzhansky) ablehnend und kritisch (s. dazu auch ausführlich [20; 21; 22]). Der wichtige Beitrag, den Monod gemeinsam mit Jacob bei der Analyse der Enzymrepression und -induktion auf molekularbiologischer Grundlage, also bei der Untersuchung von Grundprinzipien der Anpassungsfähigkeit der Zelle an sich verändernde Umweltbedingungen, erzielt hat, werden von uns voll anerkannt. Doch mit seinen z. B. oben im Zitat skizzierten philosophischen Schlußfolgerungen, die niemals zwangsläufig aus seinen Ergebnissen folgen, können wir nicht einverstanden sein. Wie kommt es also, daß Monod den Marxismus als eine Spielart des Idealismus (!) abstempeln will?

Die Ergebnisse der Molekularbiologie, insbesondere über den genetischen Code, machen, wie bereits vorn ausgeführt worden ist, die durch die innere Stabilität bedingte Konstanz im Lebensgeschehen deutlich. Bereits bei der Diskussion der interessanten Theorie über die Entstehung des Lebens nach Eigen [73; 74] haben wir gleichzeitig gesehen, daß diese Konstanz auf Grund physikalischer Gesetzmäßigkeiten mit einer bestimmten Variabilität in Wechselwirkung steht, also als ein Ausdruck der inneren Widersprüchlichkeit des Systems ganz im Sinne des dialektischen Materialismus erklärbar ist. Für das Verständnis des Wesens des Lebens ist es unumgänglich, diese dialektische Wechselbeziehung von Stabilität und Variabilität zu verstehen. Weltanschauliche Schranken und Fehldeutungen aber hindern Monod, dieses dialektische

Wechselverhältnis zu erkennen. Er sieht vielmehr die Konstanz und strenge Determiniertheit, wie sie uns z. B. bei der Regulation der Proteinsynthese (s. vorn) gegenübertritt, einseitig und kommt damit zur Leugnung der objektiven Dialektik der Natur und darüber hinaus der objektiven Dialektik überhaupt. Er greift den Marxismus nicht nur auf einem Teilgebiet, sondern insgesamt an.

Der Prozeß der Höherentwicklung und damit der Entstehung von Neuem kann nur, wie schon geschildert, durch die dialektische Wechselbeziehung von Zufall und Notwendigkeit erklärt werden.

Monod hingegen entfernt sich von den mit physikalischen Gesetzmäßigkeiten begründbaren dialektischen Beziehungen und macht die Spontaneität, den blinden Zufall, zur Grundlage der Evolution, womit er schließlich zu einer existentialistischen Auffassung kommt.

Gerade dieses Beispiel macht noch einmal deutlich, daß unter unseren heutigen Bedingungen die sich stürmisch entwickelnden Naturwissenschaften, die den Einzelwissenschaftler nach neuen Denkmodellen suchen lassen, der dialektischen materialistischen Philosophie bedürfen, um eben auch profilierte Wissenschaftler vom Festhalten an überlebten Konzeptionen zu befreien.

Monod geht in seinen Folgerungen noch einen Schritt weiter und spricht schließlich von einem „wirklichen Sozialismus". Dem Marxismus unterschiebt er die Auffassung des Prädeterminismus, indem er selbst von der Position des reinen Zufalls, des Indeterminismus ausgeht und diese Ansicht auf die Entwicklung der menschlichen Gesellschaft überträgt. In seinem naturphilosophischen Herangehen greift er den historischen Materialismus an. Monod versucht, allen wissenschaftlichen Ergebnissen des historischen Materialismus widersprechend und sie negierend, seinen „wirklichen Sozialismus" auf der „Ethik der Erkenntnis" aufzubauen.

VIII. Schlußbetrachtung

In den Ausführungen wurde nachgewiesen, daß auf Grund der Dynamik in der modernen Biologie und wegen der zunehmenden Schärfe des Klassenkampfes, insbesondere auf ideologischem Gebiet, die in Lenins philosophischem Vermächtnis [4] formulierten Aufgabenstellungen von hoher Aktualität sind. Lenin hat die Naturwissenschaft stets als eine revolutionäre Potenz für den gesellschaftlichen Fortschritt herausgestellt, und hieraus ergibt sich das enge Bündnis von Arbeiterklasse und naturwissenschaftlicher Intelligenz.

Literatur

[1] B. L. Astaurov, Teoretičeskaja biologija i nekotorye ee očerednye zadači, Voprosy filosofii, 2/1972, S. 61—74 (s. auch Sowjetwissenschaft, Gesellschaftswiss. Beiträge, H. 6, 1972, S. 615—631)

[2] T. H. Watermann, in: Theoretical and Mathematical Biology, New York, Toronto, London, 1965; russ. Übers.: Moskau 1968, S. 29

[3] N. P. Dubinin, Molekulargenetik, Jena 1965, S. 15

[4] W. I. Lenin, Werke, Bd. 33, Berlin 1962, S. 213—223

[5] D. E. Green u. R. F. Goldberger, Molecular Insights into the Living Process, New York/London 1967; russ. Übers.: Moskau 1967; deutsche Übers.: 1971

[6] J. B. Thomas, Einführung in die Photobiologie, Stuttgart 1968

[7] V. M. Kutjurin, O mechanizme razloženija vody v processe fotozinteza, Izvest. Akad. nauk SSSR, 1970, H. 4, S. 569—580

[8] O. T. Solbrig, Principles and Methods of Plant Biosystematics, London 1970

[9] R. Löther, Biologie und Weltanschauung, Jena/Berlin 1972

[10] K. Senglaub, Urania/Tierreich, Wirbellose Tiere 1, Leipzig/Jena/Berlin 1967, S. 5

[11] V. I. Vernadskij, Biosfera, Leningrad 1926

[12] N. I. Bazilevič, L. E. Rodin u. N. N. Rozov, Skol'ko vesit živoe veščestvo planety, Priroda, 1/1971, S. 46—53

[13] K.-H. Köhler, Die Biochemie und Physiologie der Bindung des atmosphärischen Stickstoffs, Biolog. Rundschau, 6, 1968, S. 167—187

[14] Marx/Engels, Werke, Bd. 20, Berlin 1962, S. 307—568

[15] a) W. Pfeffer, Osmotische Untersuchungen, Leipzig 1877; ders., Pflanzenphysiologie, 2 Bd., Leipzig 1897—1904
b) J. Sachs, Vorlesungen über Pflanzenphysiologie, 2. Aufl., Leipzig 1887; ders., Geschichte der Botanik, München 1875
c) K. A. Timirjasev, Vitalismus und Wissenschaft, Rede auf der Jahresversammlung der Gesellschaft d. Freunde d. Naturwissenschaften, 15. X. 1894, in: Ausgewählte Werke, Bd. II, Berlin 1951, S. 489—505

[16] H. V. Wyatt, When does Information become Knowledge, Nature (London), 235, 1972, S. 86–89
[17] O. T. Avery, C. M. McLeod a. M. McCarty, Studies on the Chemical Nature of the Substance Inducing Transformation of Pneumococcal Types. Induction of Transformation by a Desoxyribonucleic Acid Fraction Isolated from Pneumococcus Type III., J. Exptl. Med., 79, 1944, S. 137–158
[18] I. V. Blauberg u. E. G. Judin, Filosofskie problemy issledovanija sistem i struktur, Voprosy Filosofii, 5/1970, S. 59ff. (s. ferner: M. I. Setrov, Organizacija biosistem, Nauka, Leningrad 1971; H. J. Flechsner, Grundbegriffe der Kybernetik, Stuttgart, 4. Aufl., 1969)
[19] W. I. Lenin, Werke, Bd. 14, S. 7–366
[20] K. Fuchs-Kittowski, S. M. Rapoport, H. A. Rosenthal u. G. Wintgen, Zur Dialektik von Notwendigkeit und Zufall in der Molekularbiologie, Dtsch. Ztschr. f. Phil., H. 4/1972, S. 418–443
[21] H. Ley, Jacques Monod und die Relevanz von Kategorien, Dtsch. Ztschr. f. Phil., H. 6/1972, S. 681–696
[22] T. Dobzhansky, Book-Review zu „Chance and Necessity", Science, 175, 1972, S. 49–50
[23] J. Monod, Zufall und Notwendigkeit, München 1971; Chance and Necessity, An Essay on the Natural Philosophy of Modern Biology, New York 1971
[24] P. Teilhard de Chardin, Der Mensch im Kosmos, Berlin 1966
[25] Ju. P. Senokosov, Diskussija o strukturalizme vo Francii, Voprosy filosofii, 6/1968, S. 172–181 (vgl. ferner: L. Sève, Über den Strukturalismus. Zu einem Aspekt des ideologischen Lebens in Frankreich, Probleme des Friedens und des Sozialismus, H. 5/6, 1971)
[26] P. V. Kopnin, Marksistsko-leninskaja teorija poznanija i sovremennaja nauka, Voprosy filosofii, 3/1971, S. 28–35
[27] I. I. Šmalgauzen, Kibernetičeskije voprosy biologii, Novosibirsk 1968
[28] V. N. Svinickij, Koncepcija „fiziologii aktivnosti" kak predposylka teoretizacii fiziologičeskogo znanija, Voprosy filosofii, 6/1972, S. 32–40
[29] G. Straaß, Modell und Erkenntnis, Jena 1963
[30] H. Mohr, Wissenschaft und menschliche Existenz, Freiburg 1967
[31] Bericht über die Jahreshauptversammlung der Deutschen Akademie der Naturforscher „Leopoldina", Halle/S., 19. – 22. 10. 1967. (Biologische Modelle), Naturwiss. Rundschau, 21, 1968, S. 153–160
[32] J. C. Kendrew, Information and Conformation in Biology, in: (A. Rich and N. Davidson, Hrsg.) Structural Chemistry and Molecular Biology, San Francisco 1968, S. 187–197
[33] H. Mohr u. P. Sitte, Molekulare Grundlagen der Entwicklung, Berlin 1971

[34] I. T. Frolov, Leben und Erkenntnis. Methodologische Prinzipien der theoretischen Biologie, Dtsch. Ztschr. f. Phil., 20, 1972, S. 564–581
[35] a) L. von Bertalanffy, Theoretische Biologie, 2 Bde., Berlin 1951 (2. Aufl.)
b) E. Bauer, Teoretičeskaja biologija, Moskau 1930 (zit. nach [40])
c) M. Hartmann, Allgemeine Biologie, Jena 1947
d) E. Schrödinger, The Physical Aspect of the Living Cell, Cambridge 1944, deutsch: Bern 1946, russ.: Moskau 1948
[36] C. H. Waddington, Teoretičeskaja biologija i molekuljarnaja biologija, in: Na puti k teoretičeskoj biologii, Moskau 1970, S. 101 (engl. Ausgabe: Towards a Theoretical Biology, Birmingham 1968)
[37] V. I. Vernadskij, Chimičeskoe stroenie biosfèry u ee okruženija, Moskau 1965
[38] N. N. Kol'cov, Rol' gena v fiziologii razvitija, Biologičeskij žurnal IV, H. 5/1935 (S. 753)
[39] J. Bonner, The Molecular Biology of Development, Oxford 1965
[40] R. S. Karpinskaja, Filosofskie problemy molekuljarnoj biologii, Nauka, Moskau 1971
[41] V. A. Engelgardt, Čast' i celoe v biologičeskich sistemach, Priroda, 1/1971, S. 24–36
[42] W. I. Lenin, Werke, Bd. 15, Berlin 1963, S. 17–28
[43] J. O. de la Mettrie, Der Mensch eine Maschine, Leipzig 1965
[44] F. Wöhler, Über künstliche Bildung des Harnstoffs, Annalen der Physik und Chemie, 12, 1828
[45] E. Buchner, Über zellfreie Gährung, B. deutsche Chem. Ges., 31, 1898, S. 568–574
[46] a) C. Correns, G. Mendels Regel über das Verhalten der Nachkommenschaft der Rassenbastarde, B. Dtsch. Bot. Ges. 18, 1900, S. 158–168
b) E. Tschermak, Über künstliche Kreuzung bei Pisum sativum, B. Dtsch. Bot. Ges., 18, 1900, S. 232–239
c) H. de Vries, Das Spaltungsgesetz der Bastarde. Vorl. Mitt., B. Dtsch. Bot. Ges., 18, 1900, S. 83–90
[47] V. I. Vernadskij, Izbr. soč., V, Moskau 1960, S. 241
[48] B. M. Kedrov, V. I. Lenin o dialektike razvitija estestvoznanija, Voprosy filosofii, 3/1971, S. 35–39
[49] C. H. Waddington, Towards a theoretical Biology, Birmingham 1968, S. 8
[50] G. R. Taylor, Die biologische Zeitbombe, Frankfurt (Main) 1969
[51] D. Meadows, E. Zahn u. P. Milling, Die Grenzen des Wachstums. Bericht des Club of Rome zur Lage der Menschheit, Stuttgart 1971
[52] H. D. Cremer, Aufgaben der Ernährungswissenschaft für eine gesicherte Zukunft der Menschheit, Naturwiss. Rundschau, 22, 1969, S. 283–300

[53] H. Koch, Gewinnung von Protein aus Erdöl. Ein Bericht über einen bemerkenswerten Beitrag der Petrolchemie zur Welternährung, Österreichische Apotheker-Zeitung, 23, 1969, S. 145–150

[54] M. N. Rutkevič u. S. S. Švarc, Filosofskie problemy upravlenija biosféroj, Voprosy filosofii, 10/1971, S. 52–63

[55] H. J. Shapiro, L. Machattie, L. Eron, G. Ihler, K. Ippens and J. Beckwith, Nature (London), 224, 1969, S. 768–774

[56] S. L. Streicher, E. G. Gurney and R. C. Valentine, Proc. Nath. Acad. Sci., 68, 1971, S. 1174–1177 sowie Nature 239, 1972, S. 495

[57] J. Huxley, Ich sehe den künftigen Menschen. Natur und neuer Humanismus, München 1965

[58] R. S. Karpinskaja, Ideja sochranenija i molekuljarnaja biologija, Voprosy filosofii, 6/1972, S. 41–50

[59] C. B. Anfinsen, The Molecular Basis of Evolution, London 1961

[60] R. Kleine, Primärstruktur einer den Säugetierproteasen homologen mikrobiellen Protease. Naturwiss. Rundschau, 24, 1971, S. 392/393

[61] A. Nordwig, Zur Evolution von Strukturproteinen, Naturwiss. Rundschau, 21, 1968, S. 302–303 (s. auch: A. Nordwig a. U. Hayduk, A Contribution to the Evolution of Structural Proteins, in: A. P. Kimball a. J. Oró, Prebiotic and Biochemical Evolution, Amsterdam/London 1971

[62] V. P. Skulačev, Akkumuljacja energi v kletke, Nauka, Moskau 1969, S. 8

[63] G. Feix, Informationsfluß von Desoxyribonucleinsäure zum Protein in zellfreien Systemen, Naturwiss. Rundschau, 24, 1971, S. 369–376

[64] K. Scherrer a. L. Marcaud, Messenger RNA in Avian Erythroblasts at the Transcriptional and Translational Levels and the Problem of Regulation in Animal Cells. J. Cell Biology, 72, Suppl. 1, S. 181–212

[65] K. Heil, Tumorviren und das „Central Dogma" der Molekularbiologie, Naturwiss. Rundschau, 24, 1971, S. 262–263 (dort weitere Literatur)

[66] A. N. Beloserskij, Nukleinovye kisloty, II. Allunions-Kongreß für Biochemie, Usbekische SSR, 1969

[67] J. Bernal, The Origin of Life, London 1967, russ. Übersetzung: Moskau 1969

[68] J. E. Spice, Chemical Binding and Structure, Pergamon Press, Oxford 1966, deutsch: Leipzig 1971

[69] E. Racker, The Membrane of the Mitochondrion, Scientific American, 1968, S. 32–39

[70] V. A. Engelgardt, Problema žizni v sovremennon estestvoznanii, Kommunist, 3/1969, S. 83–95 (S. 84)

[71] Ders., Čast'i celoe v biologičeskich sistemach, Priroda, 1/1971, S. 24–36

[72] A. A. Baev, A. D. Mirzabekov, Samosborka molekul valinovoj t-RNK, VII. Simpozium po chimii prirodnych soedinenij, Riga 1970

[73] M. Eigen, Selforganization of Matter and the Evolution of Biological Macromolecules, Naturwissenschaften, 58, 1971, S. 465–523
[74] M. Eigen, Die Evolution biologischer Makromoleküle, Naturwiss. Rundschau, 24, 1971, S. 22/23
[75] G. Klebs, Über das Verhältnis der Außenwelt zur Entwicklung der Pflanzen, Sitzungsber. Heidelberger Akad. Wiss., 1913, 5. Abhandlung, S. 1–47
[76] M. Bopp, Georg Klebs und die heutige Entwicklungsphysiologie, Naturwiss. Rundschau, 22, 1969, S. 97–101
[77] K.-H. Köhler, Zu einigen Fragen der Biosynthese chymochromer Pigmente und ihrer Beeinflussung durch Licht. Wiss. Ztschr. Univ. Greifswald, Math.-nat. Reihe, 29, 1970, S. 75–87
[78] R. J. Britten a. D. E. Kohne, Repeated Segments of DNA, Scientific American, 1971, S. 24ff.
[79] E. Zuckerkandl, Hemoglobins, Haeckels „Biogenetic Law" and Molecular Aspects of Development, S. 256–274, in: A. Rich a. N. Davidson (Hrsg.), Structural Chemistry and Molecular Biology, San Francisco 1968
[80] H. Wagner, Grundfragen natürlicher Biozönosen, Naturwiss. Rundschau, 22, 1969, S. 300–302
[81] N. P. Dubinin, Evoljucija populjacij i radiacija, Moskau 1966
[82] W. Hollitscher, „Kain" oder Prometheus? Zur Kritik des zeitgenössischen Biologismus, Berlin 1972
[83] K. Immelmann, Ontogenetische Entwicklung sozialer Beziehungen bei Mensch und Tier, Naturwiss. Rundschau, 24, 1971, S. 325–334
[84] N. P. Dubinin, Filosofskie i soziologičeskie aspekty genetiki čeloveka, Voprosy filosofii, 1/1971
[85] Ders., Sovremennoe estestvoznanie i naučnoe mirovozrenie, Voprosy filosofii, 3/1972, S. 76–81
[86] R. Ardrey, Adam kam aus Afrika, München 1969, S. 354 (nach [82])

Wolfgang Fischer

Die Psychiatrie im Kampffeld der Weltanschauungen

Die Fortschritte der modernen Biologie haben die theoretischen Kenntnisse entscheidend geformt und das naturwissenschaftliche Denken auf eine qualitativ höhere Stufe gehoben. Die Ergebnisse der Biochemie, Pharmakologie, Genetik und Physiologie haben auch einen wesentlichen Einfluß auf die naturwissenschaftliche Durchdringung der Psychiatrie. Es zeigt sich aber in der Medizin und speziell in der Psychiatrie, daß die naturwissenschaftliche Forschung allein nicht ausreicht, das Krank-Sein zu verstehen, und daß die soziale Struktur wesentlich die Gesamtschau bestimmt. Und so, wie im naturwissenschaftlichen Bereich nur die Anwendung dialektischer Gesetze zu in der Praxis bewährten Theorien und Hypothesen führt, so sind auch die sozialen Bezüge in ihrer Gesamtheit ohne eine dialektisch-materialistische Fundierung nicht erkennbar. Es konnte nicht ausbleiben, daß gerade die Psychiatrie im Zentrum weltanschaulicher Auseinandersetzungen steht, weil hier naturwissenschaftlich-biologische, medizinische, soziale, philosophische und politische Fragen einmünden. Dies erklärt auch, daß in der Psychiatrie die idealistische Philosophie starke Positionen behauptet. Wir gehen davon aus, daß die allgemeinsten Gesetze der Natur, der Gesellschaft und des Denkens, wie sie vom dialektischen und historischen Materialismus begründet werden, auch die weltanschauliche und erkenntnistheoretische Grundlage der Psychiatrie darstellen.

1. Der dialektische Materialismus als Grundlage der Psychiatrie

Die dialektisch-materialistische Grundlage der Psychiatrie beinhaltet die Thesen, daß die psychischen Erscheinungen ein Produkt des mit der Welt in Wechselwirkung stehenden Gehirns, also an die materielle Grundlage des Zentralen Nervensystems gebunden sind, und daß sie eine Widerspiegelung der objektiven Realität durch das Subjekt darstellen, wobei die reflektorische Tätigkeit das Bindeglied zwischen beiden Thesen bildet. Nach Rubinstein [39] ist der Determinismus der Reflextheorie Pawlows ein besonderer Ausdruck für das allgemeine philosophische Prinzip des Determinismus in seinem dialektisch-materialistischen Sinne, angewandt auf die Hirntätigkeit.

Indem die äußeren Bedingungen über die inneren Bedingungen wirken, wird die Antithese zwischen äußerer Bedingtheit und innerer spontaner Entwicklung aufgehoben, und es offenbart sich der wechselseitige Zusammenhang. Die Abhängigkeit der Reaktion von der äußeren Einwirkung wird durch die inneren Bedingungen vermittelt, womit die dialektische Auffassung des Determinismus zugleich das historisch Gewordene, die phylogenetische und ontogenetische Entwicklung erfaßt und eine Erklärung für relative Apriori der gnostischen und emotionalen Sphäre gibt. Dadurch bekommen wir Zugang zur Bedeutung des Widergespiegelten, zur Regulation des Verhaltens, zur praktischen Tätigkeit, zum gesamten Motiv- und Wertgefüge des Menschen und auch zur relativen Eigengesetzlichkeit des Psychischen.

Nach Meischner [33] vereint der psychische Widerspiegelungsprozeß in seiner phylogenetischen Entwicklung zwei Aspekte, die sich bis zum differenzierten gnostischen Aspekt und zum Beziehungs- bzw. Affektivitätsaspekt entwickeln. Es kommt zur Synthese von sinnlich erfahrungsmäßiger Widerspiegelung der Eigenschaften, Zusammenhänge und Relationen der Umweltbedingungen, die für das Leben des Organismus von Bedeutung sind, und von biologischer Wertigkeit, die die Umweltbedingungen affektiv signalisiert (Bewertungs- und Antriebsfunktion des Emotionalen). Erst durch die widerspiegelnde und beziehungsregulierende Tätigkeit des Psychischen wird eine materielle Erscheinung zur Signaleigenschaft; eine beliebige materielle Erscheinung besitzt noch keinen Signalcharakter. In enger Beziehung hierzu steht auch das Problem der Apperzeption. Die Summe der apperzipierten, das heißt über die Schwelle des Bewußtseins gehobenen Informationen liegt wesentlich niedriger als die Summe der perzipierten Informationen.

Die Widerspiegelungstheorie steht im Gegensatz zu einer dualistischen Auffassung von Körper und Geist. Die schizologische Tendenz zur Spaltung der Welt in zwei Bereiche basiert auf der Verabsolutierung der Qualitäten des Psychischen, die dem Physischen gegenübergestellt werden, wobei dann noch fälschlicherweise das Physische die Stelle des Materiellen überhaupt einnimmt. Lenin [28] schreibt: „Die materialistische Beseitigung des ‚Dualismus von Geist und Körper' (d. h. der materialistische Monismus) besteht darin, daß der Geist nicht unabhängig vom Körper existiert, daß er das Sekundäre, eine Funktion des Gehirns, die Widerspiegelung der Außenwelt ist." Es sei nur im Hinblick auf die gnoseologische Darstellung berechtigt, Materie und Geist einander gegenüberzustellen. Nach Rubinstein [40] sind die primären Glieder der gnoseologischen Grundbeziehung nicht Abbild und Ding, sondern das die objektive Realität erkennende bzw. widerspiegelnde Subjekt und die objektive Realität, mit der das Subjekt in Wechselwirkung steht, das heißt eine Wechselwirkung zweier materieller Realitäten. Die ontologische Einheit des Seins besteht auch darin, daß wir das Psychische als die höchstentwickelte Erscheinungsform der Materie auffassen.

Die Ansichten von Biran [9] zeigen deutlich, daß der philosophische Dualismus zum Idealismus und Spiritualismus führt. „Läßt man die Verwandlungen der physikalischen Energie in eine außerhalb der ausgedehnten Welt wirkende seelische Energie zu, so muß man auch die umgekehrte Verwandlung zulassen, womit die Anerkennung der Selbständigkeit des Seelischen und der Wechselwirkung zwischen den zwei gleichrangigen Welten, der Außen- und der Innenwelt, also das Bekenntnis zum philosophischen Dualismus, ausgesprochen wird." Das Innenleben und die Vorgänge in bestimmten Teilen des Zentralen Nervensystems seien zwei absolut gleichzeitige, selbständige, jenseits jedes Kausalnexus stehende Geschehensreihen. Die Ablehnung der Kausalität und des dialektisch-materialistischen Determinismus führt dann zu folgenden idealistisch-spiritualistischen Gedankengängen: „Keinerlei ... Spekulationen können die Zweckmäßigkeit als zufälliges, ganz unbeabsichtigtes Ergebnis des Waltens blinder mechanistischer Gesetze wegerklären, sie muß als ein primärer Wesenszug des Lebens anerkannt werden. Diese Anerkennung impliziert jedoch die Anerkennung übergeordneter formender Kräfte, welche fühlen und denken, sich Ziele setzen und diese planmäßig zu verwirklichen vermögen, also die ein irgendwie dem unserigen ähnliches Seelenleben haben, nur daß sie mit ihrem Fühlen und Denken unendlich weitere Horizonte als wir Menschen überblicken und eine unumschränkte Macht über die Materie ausüben."

Dualistische Auffassungen im engeren Sinne zeigen sich in der Gegenüberstellung von äußeren und inneren Bedingungen, Bewußtsein und Unbewußtem, Vernunftmensch und Instinktmensch sowie Kortex und Subkortex, wobei stets der kausale Zusammenhang und die dialektische Wechselwirkung vernachlässigt oder geleugnet werden.

Eine wissenschaftliche Betrachtungsweise erfordert eine Ordnung in den Begriffssystemen. Auf der höchsten Ebene liegen solch wichtige erkenntnistheoretische Begriffe des dialektischen Materialismus wie Sein und Bewußtsein, Abbild und Widerspiegelung. Rubinstein [40] legt Wert auf die Abgrenzung und Beziehung der Gnoseologie, Psychologie und Physiologie. Die Gnoseologie hat die Beziehung zum Objekt selbst als Gegenstand der Forschung. Die Psychologie betrachtet den psychischen Prozeß in seiner Beziehung zum Objekt, für sie steht die Wirklichkeit aus Objekten der Erkenntnis und des Handelns, aus Objekten, mit denen der Mensch als Subjekt in Beziehung tritt. Für die Physiologie ist die Wirklichkeit die Gesamtheit der Reize, die auf das Gehirn einwirken. Es ist deshalb auch wissenschaftlich nicht exakt, den hirnphysiologischen Begriff „reflektorisch" dem gnoseologischen Begriff „widerspiegeln" gleichzusetzen.

Man sollte auch vermeiden, daß Begriffe der Ethologie wie Valenz, Appetenz, Aversion, Dominanz, Submission und

Rangordnung Eingang in die menschliche Psychologie finden, da diese der Tierpsychologie vorbehalten sind.

Von Bedeutung ist die Unterscheidung höherer und niederer Gesetzmäßigkeiten in den Eigenschaften der Materie. Die psychischen Erscheinungen stellen die höchste Form dar. Niedere Gesetzmäßigkeiten sind den höheren immanent: das heißt psychische Gesetzmäßigkeiten beinhalten physiologische, physiologische Gesetzmäßigkeiten können als Erscheinungsform physikalischer und biochemischer Gesetze auftreten. Nach Kleine [21] liegt dem genetischen, immunologischen und dem Gedächtnis des Zentralen Nervensystems ein gemeinsamer Bauplan zugrunde, in dem der Inhalt im sogenannten Dreier-Codon der Desoxyribonukleinsäure aufbewahrt und mittels identischer Reduplikation weitergegeben wird. Diese Erkenntnisse dürfen aber nicht mechanisch-materialistisch interpretiert werden, da der Denkvorgang von verschiedenen Stufen der Erkenntnis aus betrachtet werden kann. Engels [11] schrieb: „Wir werden sicher das Denken einmal experimentell auf molekulare und chemische Bewegungen im Gehirn ‚reduzieren'; ist aber damit das Wesen des Denkens erschöpft?"

2. Die dialektisch-materialistische Anschauung vom Menschen

Während die psychischen Erscheinungen als informationelle Widerspiegelung der Wirklichkeit auch Tieren eigen sind, ist es für das Psychische des Menschen spezifisch, daß seine Widerspiegelung der objektiven Realität über die Sprache und das Denken als Funktionen des zweiten Signalsystems gesellschaftlich vermittelt und damit die Welt in ihrer derzeitigen Erkennbarkeit erfaßt wird. Von dieser Warte aus betrachten wir solche Strukturen wie Persönlichkeit und Bewußtsein und verstehen das Wesen des Menschen als „Ensemble der gesellschaftlichen Verhältnisse" [31]. Diese fundamentale Erkenntnis von Marx, in der sechsten Feuerbachthese dargelegt, wird oft mißverstanden, indem der Mensch als das Ensemble der gesellschaftlichen Verhältnisse angesehen wird. Marx spricht aber ausdrücklich vom menschlichen Wesen und weist uns damit auf den dialektischen Zusammenhang von

Wesen und Erscheinung hin. Diese Problematik muß auch bei der Erarbeitung eines marxistischen Menschenbildes beachtet werden. Der marxistische Philosoph Sève [43] nimmt die sechste Feuerbachthese zum Ausgangspunkt einer marxistischen Theorie der Persönlichkeit, indem er den historischen Materialismus zugrunde legt und den dialektischen Materialismus als epistemologische Richtschnur verwendet. Das menschliche Wesen sei in seiner Wirklichkeit das Ensemble der gesellschaftlichen Verhältnisse, und Sève beweist, daß der historische Materialismus unmittelbar auch wissenschaftliche Anthropologie ist. „Die Humanität (im Sinne des ‚Mensch-Seins') ist im Gegensatz zur Animalität (dem ‚Tier-Sein') keine von Natur aus in jedem einzelnen Individuum vorhandene Gegebenheit, sie ist die gesellschaftliche Menschenwelt, und jedes natürliche Individuum wird dadurch zum menschlichen, daß es sich durch seinen wirklichen Lebensprozeß innerhalb der gesellschaftlichen Verhältnisse vermenschlicht" (S. 156). „Ersichtlich ist somit, inwiefern der historische Materialismus, weil er Grundlage der Wissenschaft von den gesellschaftlichen Verhältnissen, dem konkreten Wesen des Menschen ist, gleichzeitig weit mehr ist, nämlich Grundlage aller Wissenschaft vom Menschen – von der politischen Ökonomie bis zur Psychologie der Persönlichkeit –, allgemeine Theorie der wissenschaftlichen Auffassung vom Menschen, die dem Materialismus als allgemeiner Theorie der wissenschaftlichen Naturauffassung die höchste Vollendung gibt und somit untrennbarer Bestandteil der marxistischen Philosophie ist" (S. 140). Sève entwickelt Hypothesen zu einer Psychologie der Persönlichkeit und formuliert als Elementaraussage: „Jede entwickelte menschliche Persönlichkeit erscheint uns gleich als enorme Anhäufung verschiedenster Handlungen in der Zeit" (S. 308). Er stellt den Begriff der Handlung, die gesellschaftlich etwas bewirkt, als einen Grundbegriff hin, der sich zutiefst von Begriffen wie Verhalten, Verhaltensweise und Rolle unterscheide. Er geht auf die dialektische Handlung–Fähigkeit–Beziehung ein und sieht als die wichtigste progressive Funktion der Persönlichkeit die Entwicklung der Fähigkeiten. Das gründliche Studium der Ansichten von Sève läßt auch für die Psychopathologie der Persönlichkeit positive Erkenntnisse erwarten.

Wir haben es auch in der Medizin nicht mit einem gesellschaftlich sterilen Menschen zu tun, sondern mit Persönlichkeiten, die in einer bestimmten Gesellschaftsordnung leben mit ihrer Vielfalt an gesellschaftlichen, ökonomischen und kulturellen Bezügen.

Wir werten die gesellschaftliche Tätigkeit des Menschen als Hauptfaktor der Entwicklung seiner Psyche. Engels [12] weist in seinem Artikel über den „Anteil der Arbeit an der Menschwerdung des Affen" nach, daß der Mensch durch die Arbeit und die sich damit im Zusammenhang entwickelnde Sprache zum Beherrscher der Natur, zum Schöpfer seiner selbst wird und er damit seine Sonderstellung erwirbt. Der Titel des Werkes basiert auf den damaligen Kenntnissen. Zur Evolution vom fossilen Menschenaffen zum rezenten Menschen sei auf die Arbeit von Hollitscher [17] verwiesen.

Der Mensch mit seiner praktischen Tätigkeit verändert die Welt und sich selbst. Das Menschenbild des Marxismus-Leninismus stellt den gesunden Menschen in seiner umfassenden Persönlichkeit, seine Stellung in der Gesellschaft und seine dynamische Höherentwicklung in den Mittelpunkt. Der Mensch ist ein gesellschaftliches Wesen, das durch seine gesellschaftliche Praxis seine Geschichte selbst gestaltet, allerdings nicht gemäß subjektiven Wünschen, sondern nach Maßgabe objektiver Gesetze, die sich im Prozeß der Produktion lebensnotwendiger, materieller Güter herausbilden. Es existiert ein objektives Erfordernis, die Medizin als Wissenschaft von der Gesunderhaltung und der Heilung von Krankheiten so zu entfalten, daß sie auch die psychischen, moralischen und sozialen Eigenschaften berücksichtigt. [44]

Unter dem Aspekt der Gesamtpersönlichkeit ist wesentlich, daß nicht nur der rationale, sondern auch der emotionale Bereich spezifische menschliche Eigenschaften aufweist. Wir meinen, daß der von den Klassikern des Marxismus-Leninismus begründete Freiheitsbegriff als „Einsicht in die Notwendigkeit", das heißt Einsicht in die objektiven Gesetze von Natur und Gesellschaft, auch einen emotionalen Aspekt hat, indem die Erkenntnis der objektiven Notwendigkeit und ihre Anwendung in der Praxis, die progressive Veränderung der Welt, die Befreiung vom Zwang der Natur und von der gesellschaftlichen Unterdrückung, auch die „Freude an der

Notwendigkeit" beinhalten sollte. Durch den emotionalen Aspekt wird das Prinzip der Widerspiegelung der objektiven Realität nicht eingeschränkt, da dies gesellschaftlichen Charakter hat und nicht vom Individuum abhängt. Durch die emotionale Komponente des Widerspiegelungsprozesses werden Umwelteinflüsse bewertet und auf die eigene Person bezogen, so daß verschiedene Menschen ein und denselben Vorgang – vor allem in der komplizierten zwischenmenschlichen Sphäre – verschieden beurteilen und zum anderen auch die Apperzeption davon beeinflußt wird. Hierbei können auch Störungen auftreten, ohne daß damit die Grenze zum Krank-Sein überschritten wird. Es kann angenommen werden, daß manche möglichen psychischen Erscheinungen beim Individuum, wie z. B. das Paranoid-Sein-Können – ein Blick oder ein Wort des Anderen gehen neben den Sinn, abseits vom Logos – oder das Depressiv-Sein-Können, spezifische menschliche Eigenschaften sind, die bei jedem Menschen in verdünnter Form kurzzeitig auftreten können. Der qualitative Sprung zur Krankheit, zur Psychose, muß von solchen einfühlbaren Reaktionen und Verarbeitungen abgegrenzt werden.

In der psychiatrischen Krankheitslehre sollten wir davon ausgehen, daß soziale Faktoren und psychische Vorgänge im Wechselspiel stehen, wobei bei manchen endogenen Psychosen ein Genotyp vorhanden sein dürfte, der in Abhängigkeit von diesen Einflüssen manifest werden kann. Es sind Ausnahmesituationen, mögliche Endpunkte der nosologischen Kette, aber zum Teil auch konstruierte Modelle, wenn man eine alleinige Soziogenese, ein absolutes Primat sozialer Faktoren (Soziosen) oder eine alleinige Psychogenese (Gleichsetzung von Neurosen und Psychosen) bei den Schizophrenien und Depressionen annimmt. Andererseits gibt es in der Psychiatrie auch Krankheitseinheiten, bei denen die sozialen Strukturen oder/und das intrapsychische Gefüge (Neurosen, psychosomatische Erkrankungen) den therapeutischen Rahmen abstecken. Unsere Ansicht von der materiellen Grundlage des Zentralen Nervensystems gilt auch für den psychopathologischen Bereich, und die Forschung wird hier gewiß tragende Erkenntnisse hervorbringen, so wie es sich in der Biochemie (Katecholaminstoffwechsel) schon andeutet. Nach Pickenhain [36] wird bei einer dialektischen Auffassung des Leib-Seele-

Verhältnisses als ein ganzheitliches Phänomen mit verschiedenen Partialaspekten weder eine Somatogenese noch eine Psychogenese des psychopathologischen Geschehens präjudiziert. Der gesetzmäßige Zusammenhang zwischen physischen und psychischen Erscheinungen, die psychosomatische Problematik, werde für die Forschung nur fruchtbar, wenn man berücksichtigt, daß die Umwelt über die Psyche auf den Organismus wirkt und hierbei das spezifisch Menschliche wie Sprache, Denken und Bewußtsein herausgestellt wird.

Die rein naturwissenschaftliche Betrachtung war für idealistische Vertreter Anlaß, als Gegengewicht ein besonderes medizinisches Menschenbild, eine medizinische Anthropologie (z. B. V. v. Weizsäcker [45]) zu entwerfen. Dieses medizinische Menschenbild, letztlich am kranken Menschen in einer kranken Gesellschaft erarbeitet, ist Medizinismus, verabsolutiert und verallgemeinert das Krank-Sein und kommt zu falschen Schlußfolgerungen. Diese Anthropologien haben meist enge Beziehungen zur Religion. Albrecht [1] setzt sich vom Standpunkt des dialektischen Materialismus z. B. mit den Ansichten von Franz Büchner, Freiherrn von Gebsattel, Friedrich von Müller, Albert Niedermeyer und Arthur Jores auseinander, indem er die Verquickung von Religion/Irrationalismus und Medizin darlegt.

V. v. Weizsäcker [45] vermutet eine Beziehung zwischen der Verschiedenheit der Menschen und solchen Problemen wie Unfrieden, Streit, Kampf, Krieg und Tötung. Die Verlängerung der mittleren Lebensdauer führe unmittelbar zur Überbevölkerung, sozialen Revolution und zum Krieg. „Wer heute eine Theorie des Menschen aufstellt, kann das nicht tun, ohne dabei zu berücksichtigen, daß Erbsünde, Widerspruch, Gespaltenheit und Schizophrenie zum wirklichen Leben des Menschen gehören."

Die Leugnung des naturwissenschaftlichen Aspekts der Psychiatrie gipfelt in der phänomenologischen Methode des „Verstehens", der intuitiven Deutung von Lebensschicksalen und Erlebnissen, z. B. in der Daseinsanalyse von L. Binswanger, der verstehenden Anthropologie von J. Zutt. Heidegger, auf den auch der Name „Daseinsanalyse" („Daseinsanalytik") zurückgeht, unterscheidet nach Kuhn [27] Seiendes von „daseinsmäßiger Struktur" („Existenzialien" als

Seinscharaktere des Daseins) und Seiendes von „nicht-daseinsmäßiger Struktur" („Kategorien" als Seinsbestimmungen). Das übliche Gespräch zwischen Arzt und Patient sei kategorial, da es Sachen, Meinungen und Probleme des „nicht-daseinsmäßig Seienden" beinhalte und unsere Sprache auch dafür ausgebildet sei, sich in diesem Rahmen zu halten. Erst wenn das Gespräch zwischen Arzt und Patient ein Gespräch von Mensch zu Mensch werde, dann sei es „existenziell", dann bedeuten die Worte etwas anderes. Nach Binswanger [8] habe die Ontologie des Daseins eine apriorische Wesensstruktur mit wesenhaften Strukturgliedern („Existenzialien") zutage gefördert, die es erlaube, die psychiatrischen Erkrankungen als faktische Abwandlungen dieser apriorischen Struktur zu erforschen und zu beschreiben. Die schizophrene Spaltung wird daseinsanalytisch aus der Zwie- und Vielspältigkeit des Daseins heraus verstanden. Psychopathie oder Geisteskrankheit seien auf die Ebene psychiatrischer Erkenntnis reduzierte Formen des Mißglückens oder Mißlingens. Dieser unwissenschaftlichen Betrachtungsweise entsprechen auch semantisch unscharfe Begriffe wie „An – ein – Ende – geraten", „Weite der Er– Erfahrung", „Labilität von Verweisungszusammenhängen", „Ansturm der Daseinsangst", „Gewesenheit", „Spältigkeit" u. a. Kuhn [27, S. 868] schreibt: „Nach allem, was wir gesagt haben, dürfte klar sein, daß Psychopathologie und psychiatrische Klinik ‚kategorial' mit dem Kranken umgehen, die Daseinsanalyse ‚existenziell'. Damit erwächst der Daseinsanalyse eine große Schwierigkeit des sprachlichen Ausdruckes, um ihre Untersuchungen auch nur durchzuführen, geschweige denn mitteilen zu können." Wir fragen: Was soll uns eine solch nebulöse esoterische Begriffswelt in der Psychiatrie? Wenn gewisse psychopathologische Phänomene, wie z. B. die Depersonalisation, noch dem Erkenntnisprozeß im wesentlichen verborgen sind, kann man daraus nicht eine Ablehnung naturwissenschaftlichen Denkens in der Psychiatrie ableiten und eine besondere Sprache entwickeln. Wenn Kuhn davon spricht, daß die wissenschaftliche Struktur der Psychiatrie uneinheitlich sei und durch zwei voneinander völlig verschiedene Methoden, eine generalisierende und eine individualisierende, bestimmt werde, so soll offenbar ein Gegensatz zwischen dem allgemein Menschlichen und dem Individuellen herausgestellt werden.

Wir wollen hier nicht auf die philosophische Problematik der dialektischen Beziehung zwischen dem Allgemeinen (Menschheit, Gesellschaft, Klasse) und dem Einzelnen (Individuum) eingehen. Aber schon unsere praktische Tätigkeit als Psychiater beweist, daß wir eine derartige methodologische Trennung nicht kennen, sei es in der Krankheitslehre, sei es in der Psychopharmakotherapie. Stets beachten wir die derzeitig bekannten allgemeinen Gesetzmäßigkeiten, und stets berücksichtigen wir auch die Besonderheiten des Individuums.

Die bewußte Unschärfe der Begriffe „Existenz" und „Dasein" in der existentialistischen Philosophie können uns nicht befriedigen, ganz abgesehen von der subjektiv-idealistischen und irrationalistischen Grundhaltung dieser Philosophen und ihrer medizinischen Apologeten. Natanson [34, S. 923] schreibt: „Was auch immer die weiten Bereiche der existentiellen Denker trennt, die meisten von ihnen werden thematisch vereint in ihrem Interesse an der Beschaffenheit und dem Status des Selbst in seiner Wirklichkeit, die durch die Kategorien des In-der-Welt-Seins des Menschen bestimmt sind: seine Furcht, sein Grauen, sein Leiden, sein Alleinsein und seinen Tod." Die Alltagswelt sei voller Eigenschaften, die als allzersetzend erkannt werden, wie sprachliche Verwirrung, Mißverstehen, Mißerfolg, Unzulänglichkeit des Gefühls, Elend, Krankheit und Tod. Und weiter schreibt er (S. 924): „Wenn die Intersubjektivität das erste Kennzeichen des täglichen Lebens ist, so ist sie gleichzeitig sein tiefstes qualvollstes Problem. Wie ist es dem Individuum möglich, sich abseits von anderen zu verwirklichen, und wie ist es dem Individuum möglich, über die Beschränkungen, die andere ihm auferlegen, hinauszugehen?" Die Zitate verdeutlichen auch ohne einen Kommentar den Gegensatz zum Menschenbild des dialektischen und historischen Materialismus. Es wird ein einsames Individuum mit einer pessimistischen Weltsicht entworfen, eingegrenzt von negativen emotionalen Kategorien oder gar von psychisch abnormen Zuständen.

Zutt [46] bemüht sich, die Absonderlichkeiten des Verhaltens als Abwandlung des ursprünglich Ungestörten zu verstehen. „Dieses Durchschauen des sich in der Erscheinung

Zeigenden auf seinen anthropologischen Grund, das nennen wir Verstehen und darum reden wir von verstehender Anthropologie" (S. 764). Zutt verwendet auch den Ausdruck Anthropologie, um die Begriffe Körper und Geist (die „Dichotomie des Descartes") zu vermeiden. Es wird das ursprüngliche Phänomen Leib anthropologisch gedeutet und von der Unlösbarkeit des Leib-Seele-Problems ausgegangen. „Das Phänomen Leib, gelebter, welthafter Leib, diese Inkarnation des menschlichen Wesens, ist für unsere verstehende Anthropologie von zentraler Bedeutung" (S. 788). Offenbar ist also auch hier der Begriff „Mensch" aufgehoben und durch den Begriff „Leib" ersetzt, wobei Zutt das Problem von Körper und Geist umgeht, da es unlösbar sei. In Zutts Darstellungen fällt auf, daß das Wort „geheimnisvoll" häufig vorkommt: „geheimnisvoller Sachverhalt", „anthropologische Geheimnisse", „verborgene Geheimnisse des Ganzen der Welt". Sein Agnostizismus wird auch in folgender Passage deutlich: „Darin, daß Weite und Tiefe der Welt dem Menschen verschlossen sind und bleiben, hat es seinen Grund, daß der Mensch ein oberflächliches Wesen sein kann ... Am tiefsten in den Bereich der Geheimnisse dringen unsere ahnenden Fragen, nicht unsere Antworten" (S. 776). Und weiter: „Überall grenzt der Mensch an das Geheimnis und ist im Geheimnis begründet." Die soziale Determination wird abgelehnt. „Auch den Menschen ist je schon die Welt erschlossen vor aller Belehrung und Erfahrung und – fügen wir hinzu – vor allem eigentlich menschlichen Wissen" (S. 804). Die anthropologische Betrachtung erläutert Zutt dann am blickenden, aufrecht stehenden, schreitenden Menschen in seiner Wohn- und Rangordnung. Wohn- und Rangordnung werden als die soziologischen Grundstrukturen des gelebten Lebens bezeichnet, und die Rangstruktur der menschlichen Gesellschaft zeige sich z. B. als hohe und niedere Geburt, Aufstieg und Abstieg, Regierende und Regierte, Hochmütige und Bescheidene. Bei Zutt zeigt sich deutlich ein irrationaler und agnostizistischer Grundzug; rationale Erkenntnisweisen und der Entwicklungsaspekt werden geleugnet.

Die subjektiv bewertete Lebensgeschichte ist nach Kisker [20] Basiswissenschaft und bedürfe keiner Bestätigung durch andere Wissenschaften. Das „Verstehen" als zutiefst subjektivistische spekulative Deutung muß natürlich von einer bei der psychiatrischen Untersuchung zu fordernden Pathobiographie der Persönlichkeit unterschieden werden. Nach Sève [43] ist das grundlegende Material aller objektiven wissenschaftlichen Forschung zur menschlichen Persönlichkeit die Biographie, und das praktische Grundverhältnis zu diesem Material ist die Gesamtheit der koordinierten Einflußnahmen zur Veränderung des „spontanen" Wachstums der menschlichen Persönlichkeit.

Die Vertreter des „Verstehens" lehnen rationale Prinzipien ab und stellen sich in bewußten Gegensatz zum naturwissenschaftlichen Denken, zur Kausalität. Dilthey war nach Seifert [42] der erste, der sich gegen die naturwissenschaftliche Analyse und Erklärung wandte, die angeblich das Ganze und den sinnvollen Zusammenhang des seelischen Lebens nicht beachte. Die Psychologie müsse vom unmittelbar Gegebenen, von der Totalität ausgehen. Das Verstehen sei ein Akt, durch den aus gegebenen Zeichen ein Inneres erkannt werde. Der Erklärung der Tatsachen durch kausale Zusammenhänge wird das Deuten und gestaltete Nachbilden des Sinnes der seelischen Erscheinungen gegenübergestellt. Der Erfahrungsbegriff orientiert sich ebenfalls an der Kategorie des Verstehens. Das rationale Gesetz der Hypothese und Theorie wird durch die erschaute Gestalt, den gedeuteten Sinn ersetzt. Nach Seifert postuliert M. Scheler die Undefiniertheit als zum Wesen des Menschen gehörig, und Kierkegaard spricht davon, daß die Subjektivität die Wahrheit sei. Kierkegaards Gleichnis zur menschlichen Grundsituation als Schweben über einer Tiefe von 70000 Faden verdeutlicht die verzweifelte pessimistische Sicht dieser Philosophen. Man sieht ein fragwürdiges Dasein, eine brüchige verzweifelte ungeborgene menschliche Existenz und bezeichnet die Angst als letzte Grundempfindlichkeit, als Zentralphänomen des menschlichen Daseins. Die Sicherheit vom Scheitern wird als philosophische Kategorie eingeführt. Bei anderen zeigt sich die Verknüpfung mit der Religion. Seifert befürwortet die innere wahre gottebenbildliche Welt von Augustinus und ist der thomistischen autonomen besonderen Seelensubstanz verhaftet. Es wird deutlich, daß hier Irrationalismus und Subjektivismus jedes naturwissenschaftliche Denken beiseite schieben und sich hier grundsätzliche Gegensätze zu jeder Wissenschaft ergeben. Kluge [22] spricht davon, daß die Stunde der hermeneutischen Psychiatrie vorüber sei und das naturwissenschaftliche Denken wieder in den Vordergrund rücke. In einer anderen Betrachtung schreibt Kluge [23]: „Zur Zeit hat die Stunde der Biologie geschlagen. Ausgerüstet mit den Ergebnissen der Physik und Chemie, neuestens der physikalischen Chemie, beginnt sie, die Grundphänomene des Lebens, wie Vererbung, Wachstum, Reizbarkeit und Bewegung, auf der Ebene des Moleküls zu erforschen. Mit der Molekularbiologie hat eine neue Epoche der Naturwissenschaft begonnen mit großen Anfangserfolgen, noch größeren Hoffnungen und auch mit großen Gefahren. Kann die Psychiatrie es sich leisten, sich gerade in diesem Augenblick von der Naturwissenschaft zu trennen?" Kluge meint dann, daß sich die Psychiatrie immer wieder den von der Philosophie herkommenden Gedankenrichtungen hingegeben habe, viele Psychiater dem Idealismus und Existentialismus verfallen wären und die Psychiatrie in ein geisteswissenschaftliches Fahrwasser geriet. Diese Erwägungen von Kluge sind bezüglich der idealistischen Philosophie richtig. Aber es wäre falsch, daraus eine Trennung der Psychiatrie von der Philosophie abzuleiten. Die wechselseitige Beziehung zwischen dem dialektischen und historischen Materialismus als der höchsten Form der philosophischen Entwicklung und der Einzelwissenschaft Psychiatrie ist notwendig. Es ist auch unser Anliegen, auf diese Beziehung deutlich hinzuweisen und aufzuzeigen, daß eine Philosophiefeindlichkeit der Psychiatrie nicht dienlich ist.

Wir wenden uns nicht gegen eine Gesamtbetrachtung der Persönlichkeit, und wir berücksichtigen auch, daß noch ein Mangel an naturwissenschaftlichen Erkenntnissen in der Psychiatrie besteht, wodurch die persönliche Erfahrung und eine empirisch begründete Kennerschaft oftmals bedeutsam werden. Gutjahr [15] schreibt hinsichtlich der psychologischen Diagnostik, daß zwischen den Aspekten der Objektivität und Meßbarkeit bei der Psychometrie (quantitative Betrachtungsweise) und den Aspekten der personalen Einheit und Struktur bei der Kasuistik (qualitative Betrachtungsweise) eine optimale Synthese bestehen muß. Damit wird die Gefahr einer rein quantitativen (mechanistischen) als auch einer rein qualitativen (idealistischen) Betrachtungsweise vermieden. Analog gilt dies auch für die Psychiatrie. Das Aufgliedern in zahlreiche meßbare psychopathologische Symptome und Zeichen unter dem Einfluß der Psychopharmakotherapie bis hin zum Negieren nosologischer Einheiten ist ebenso ein falscher Weg wie die alleinige Anerkennung kasuistischer Erfahrung, der Empirie, der Gesamtschau.

3. *Die erkenntnistheoretische Bedeutung der Neurophysiologie*

Die Reflextheorie Pawlows [35] hat sich als die bedeutsamste naturwissenschaftliche Grundlage für das Determinationsprinzip und die Kausalität in der Beziehung Organismus – Umwelt erwiesen, für das Erkennen des Grundprinzips der komplizierten und komplexen Wechselwirkung. Die höhere Nerventätigkeit hat umfassenden Charakter und beinhaltet die angeborene und erworbene Komponente des Verhaltens in Form der unbedingten und bedingten Reflexe, berücksichtigt die Umwelt und das innere Milieu und verdeutlicht die spezifische menschliche Qualität in Form des zweiten Signalsystems. Pawlow hat niemals eine mechanische Abhängigkeit des Verhaltens vom Reiz behauptet, sondern gerade auf die inneren Gesetzmäßigkeiten hingewiesen. Falsche Tendenzen in der Interpretation Pawlows ergaben sich nach Rubinstein [40] daraus, daß die Psychologie restlos auf die physiologische Lehre von der höheren Nerventätigkeit reduziert wurde und daß die führende Rolle des Kortex verabsolutiert wurde, wobei man das Gehirn als Ganzes unterschätzte und den wechselseitigen Zusammenhang aller Strukturen nicht genügend beachtete. Die grundsätzliche Bedeutung der Reflextheorie wird auch nicht dadurch eingeschränkt, daß neue Erkenntnisse hinzukommen bzw. Teilaspekte eine besondere Wertigkeit erhalten. Hervorzuheben sind hierbei die theoretischen Konzeptionen, die den ganzheitlichen Charakter der Integrationstätigkeit des Gehirns betrachten sowie das Problem zukünftiger Reaktionen untersuchen. Nach Guensberger [14] ermöglicht die Einbeziehung aller Reize, auch der dem dominanten Reflex nachfolgenden, in den Signalbereich des Organismus eine ausgedehntere Integrierung aller Funktionen und auch die nachträgliche Berichtigung bzw. Abänderung des Verhaltens durch gnostische Faktoren. Bedeutsam ist vor allem die 1935 von Anochin [4] entwickelte Theorie über das „funktionelle System". Anochin geht von der Ausgangsthese aus, daß alle Aktionen eines integrierten Aktes dem Aspekt des Ausgangsergebnisses untergeordnet sind, während es beim Reflex kein Ziel gibt, das dem reflektorischen Akt vorausgeht. Die Anpassung und Kompensation, der zu erreichende normale Funktionszustand stellen das Ziel dar, wobei vorangegangene Kompensationsversuche gewertet werden. Unter einem funktionellen System versteht Anochin einen Kreis bestimmter physiologischer Erscheinungen, die mit der Ausführung einer bestimmten Funktion zusammenhängen und als Ganzes der Erzielung eines bestimmten Ausgangsergebnisses untergeordnet sind. Ein solches System sichert den Effekt der Homöostase und der Selbstregulation. Anochin begründet die Afferenzsynthese als spezifischen Mechanismus des funktionellen Systems, wobei hier Motivationserregungen, die Gesamtheit der Situationsafferentation (Vor-Auslöser-Integration), die auslösende Afferentation und die Nutzung des Gedächtnisapparates (frühere Erfahrung) zusammenwirken. Die Motivationserregung, neurophysiologisch gekennzeichnet durch aufsteigende aktivierende Erregungen vom Hypothalamus und von der Formatio reticularis, wirkt als Filter und wählt das Erforderliche aus beziehungsweise verwirft das Überflüssige. Von besonderer Bedeutung in dem System sind das Prinzip der rückläufigen Afferentation (Reafferenzprinzip), das „Fällen der Entscheidung" als Schlüsselmechanismus des Systems und der Handlungsakzeptor, der als zeitweiliges Gebilde fungiert und die sich veränderte Realität als das „Ergebnis der Handlung" widerspiegelt. Die Summe der Afferenzsynthese in Raum und Zeit stellt ein hirnspezifisches Modell der Umwelt dar, wobei vergangene Modelle als Gedächtnisspur vorliegen. Dem unspezifischen Charakter des aufsteigenden aktivierenden Systems der Formatio reticularis unterlegt Anochin eine biologische Modalität, indem sich aufsteigende aktivierende Einflüsse selektiv auf die Nervenelemente der Hirnrinde und die Synapsen ausbreiten, die mit dem betreffenden biologischen Zustand phylogenetisch und ontogenetisch in Verbindung gestanden haben.

Das funktionelle System Anochins, auf tierexperimentellen Ergebnissen begründet, läßt auch Ansätze für eine psychologische Betrachtung erkennen. Nach Kreiser [26] wirkt der Mensch mit seinem Handlungsplan auf den Außenweltkomplex, oder er arrangiert ein wechselseitiges Einwirken im Hinblick auf die Erreichung eines seinen Zwecken und Bedürfnissen gemäßen Zustandes dieses Komplexes. Über die Perzeption erfährt der Mensch von der Wirkungsweise seiner Handlungen und von den Außenweltkomplexen und vergleicht mit den empirischen Kontrollgrößen. Diese Ebene der Handlungen, die Praxis, erscheint besonders wichtig und bedarf eingehender Untersuchungen. Hierbei ergeben sich zwangsläufig Beziehungen zur Rolle der Sprache als Mittel der Abbildung und Kommunikation. Auch bei der neurophysiologischen Untersuchung muß stets beachtet werden, daß dem Tier solch wesentliche Merkmale der menschlichen Psyche wie Sprache, Denken und Bewußtsein fehlen und die psychischen Erscheinungen des Menschen anders sind. Jedes reflektorische Modelldenken ist nach Steußloff und Gniostko [44] mechanistisch, weil es den Menschen letztlich nur als Objekt oder bestenfalls als ein auf Anpassung an äußere Bedingungen einregulierbares System erfaßt. Durch die Sprache kommt es zu einer qualitativ höheren, verallgemeinerten, raum- und zeitumgreifenden, vollständigeren, kollektiven Widerspiegelung mit dem wesentlichen Aspekt der auf höherer Ebene stehenden zukünftigen gesellschaftlichen Handlung und Praxis. Eine alleinige biologische Betrachtung ist für die Psychopathologie unzureichend. Sie führt zu Funktionskreisen, die die Herstellung eines Gleichgewichts und die Anpassung an Hindernisse beinhalten, ohne den vorantreibenden Aspekt menschlichen Handelns, die dialektische Aufhebung des einen und die Herstellung eines neuen Gleichgewichts, einer neuen Anpassung auf höherer Stufe zu beachten.

Die Elektronenzephalographie, die physiologische Analyse von Sinnesreizen (evozierte Potentiale) sowie Neuronenableitungen gewinnen zunehmende Bedeutung auch bei der Erforschung des Verhaltens. Durch die Elektronenzephalographie können Vigilanzstadien beim Eintreffen neuartiger Umweltreize untersucht werden, und es gibt auch erste Ergebnisse zur Analyse von Lernvorgängen. Nach Jung [19] zeigen die Neuronenableitungen die weite Ausbreitung der afferenten Impulse und damit die Konvergenz verschiedener Sinnesmodalitäten. Die moderne Neuronenphysiologie beweist, daß Lokalisation und Ganzheit keinen Gegensatz darstellen, sondern in dialektischer Beziehung zueinander stehen. Die Notwendigkeit der Erregungsbegrenzung bei der Differenzierung ist die physiologische Grundlage der Lokalisation, die Ausbreitung der Information und die geordnete Integration entsprechen dem Ganzheitsaspekt.

Die oben skizzierten Gedanken Anochins sind kybernetische Vorstellungen und damit ein Beispiel, daß neurokybernetische Gedanken bereits vor der Entfaltung der Kybernetik vorhanden waren und in enger Beziehung zu den Forschungen Pawlows stehen. Nach Braines und Swetschinski [10] untersucht die Neurokybernetik Prozesse der Regelung und der Informationsverarbeitung, die im Nervensystem von Lebewesen ablaufen und in enger Beziehung zur neurophysiologischen Erforschung des Nervensystems stehen. Die Neurokybernetik beinhaltet die komplexe Anwendung kybernetischer und biologischer Forschungsmethoden. Die Grundlage der neurokybernetischen Forschung bildet die Modellierung dieser oder jener Eigenschaften der Neuronen bzw. der Neuronennetze, wobei vor allem die räumliche und zeitliche Summation sowie die Adaptation bedeutsam sind. Bei kybernetischen Problemstellungen ist die materialistische Grundlage wesentlich. „Die Gleichartigkeit der Prozesse der Regelung, der Informationsverarbeitung und der Nachrichtenübertragung in Systemen von unterschiedlicher physischer Natur steht in engem Zusammenhang mit der universellen Eigenschaft der Widerspiegelung, die, wie Lenin feststellte, der Materie eigen ist." [10, S. 12] Nach Albrecht [2] wurde nachgewiesen, daß die Ergebnisse der Kybernetik und Informationstheorie wesentlich dazu beigetragen haben, die marxistisch-leninistische Widerspiegelungstheorie auf der Ebene der sinnlichen Wahrnehmung zu konkretisieren und beachtliches Material zur Bestätigung von Lenins These der Verwandlung von Energie des äußeren Reizes in eine Bewußtseinstatsache geliefert zu haben. Nach Braines und Swetschinski [10] muß die Annahme einer starren algorithmischen Struktur des Gehirns verworfen werden, da hierfür zu viel Erbinformation übertragen werden müßte. Es wird deshalb angenommen, daß die Neuronenschaltungen innerhalb gewisser Strukturen zufälligen Charakter tragen. Dieser Hinweis auf die Zufälligkeit aus neurokybernetischer Sicht erscheint bedeutungsvoll, denn obwohl wesentliche Strukturen und Organisationsformen notwendig determiniert sind, so werden doch andere Komponenten des Verhaltens zufällig sein. Bei der neurokybernetischen Betrachtungsweise darf man nie außer acht lassen, daß die Modelltheorie der Kybernetik auf dem Isomorphiebegriff beruht und wichtige Eigenschaften und Beziehungen bewußt nicht beachtet werden. Mit den Modellen von Neuronennetzen, und seien sie noch umfassender als die derzeit bekannten, haben wir noch kein Abbild der Außenwelt im dialektischen Sinne mit der widersprüchlichen Einheit z. B. von Objektivem und Subjektivem, von Sinnlichem und Rationalem. „Die soziale Natur des Menschen können wir nicht in adäquater Weise in der formalisierten kybernetisch-mathematischen Sprache beschreiben.“ [2] Die Schaffung zahlreicher Modelle, d. h. die Erarbeitung mathematischer Steuerungssysteme für physiologische Funktionskreise, muß immer im Abstand der isomorphen Betrachtung stehen bleiben. Der Mensch in seiner Gesamtheit, in seinem steten historischen Fluß, in seiner ständigen dialektischen Vervollkommnung bleibt ein nicht erreichbares und auch nicht angestrebtes Modell. Albrecht [2] bemerkt, daß sehr komplexe geistige Operationen von der Kybernetik nicht erfaßt werden können, wie sich aus der derzeitigen differentia specifica von kybernetischem und dialektischem System ergibt. „Die Dialektik untersucht im Unterschied zur Kybernetik die Entwicklungsprozesse in ihrer Widersprüchlichkeit.“

Braines und Swetschinski [10] beschäftigen sich mit Problemen der Gestalterkennung aus neurobionischer Sicht und beschreiben Schaltungen in Anlehnung an Modelle von Nervennetzen vom Typ des Perceptrons von Rosenblatt. Hollitscher [16] erwähnt die Quantentheorie der Empfindungsqualität von J. B. S. Haldane, wonach Prozesse des Gewahrwerdens, des Erlebens, die Realität widerspiegelnde, ihr entsprechende, sie modellierende Muster von Quantenereignissen im reizempfindlichen Gewebe sind. Es wird angenommen, daß nur bei bestimmten quantitativen Verhältnissen, wie sie eben in der neuronalen Struktur des Zentralen Nervensystems gegeben sind, die fremde Empfindsamkeit als Funktion auftritt. Zu kleine (Atome) und zu große (Planeten) materielle Gebilde können dies nicht. Es geht hier um das Grundproblem der Verwandlung der Energie des äußeren Reizes in eine Bewußtseinstatsache. [28, S. 40] Nach Albrecht [3] ist es ratsam, die Vorgänge im Gehirn bzw. in den einzelnen Gehirnregionen versuchsweise unter Berücksichtigung der Maxwell-Feldtheorie feldtheoretisch zu erfassen. Die wechselseitigen, eventuell induktiven Einflüsse und ein damit verbundenes System von Gegen- und Ringströmen ist nur feldmäßig erklärbar. Albrecht meint, daß man in die Substrukturen der Neuronen eindringen müsse, die sich vermutlich nur aus der Quanten-Feldtheorie heraus erklären lassen, d. h. aus ihrer Zusammensetzung aus Elementarteilchen. Alle diese wertvollen Gedanken können einmal zu einer gültigen Theorie führen, so daß Quantenphysik und Neurobiochemie neue Beweise für das Prinzip der Widerspiegelung erbringen.

Ein Problem, welches seit Jahrzehnten in der Hirnforschung diskutiert wird, ist einerseits die Postulierung örtlich begrenzter Strukturen und andererseits die Verabsolutierung der funktionellen Ganzheit des Gehirns. Auch hier wird ein Entweder-Oder den komplizierten Vorgängen nicht gerecht, sondern nur die Einordnung formbarer funktioneller Bereiche in die zur Zeit erkannten Funktionsstrukturen des Gehirns entspricht den dialektischen Grundsätzen einer wissenschaftlichen Betrachtungsweise, aber auch den praktischen Bedürfnissen z. B. bei der Rehabilitation Hirnverletzter. Hierbei gewinnt auch die Hierarchie der einzelnen Hirnabschnitte Bedeutung, indem die funktionelle Breite und der Funktionsersatz durch andere Strukturen in den phylogenetisch jüngeren, ontogenetisch sich zuletzt entwickelnden Großhirnabschnitten wesentlich stärker ausgeprägt ist als in den tieferen Hirnanteilen, die elementare Funktionen repräsentieren und wo der Ausfall bestimmter Strukturen nicht kompensierbar ist. Janzen [18] erwähnt, daß die Lokalisation plastisch sei, wenn auch das Schema der Repräsentation, z. B. das Körperschema, genetisch bestimmt ist. Es bestehe kein Widerspruch zwischen der Lokalisationslehre und der Plastizität bzw. den Ganzheits- oder Gestaltshypothesen. Janzen verwirft den Begriff der

„stummen Rindengebiete". Auch wir wenden uns gegen Ansichten, daß es materielle Strukturen im Gehirn geben soll, die keine funktionelle Bedeutung haben. Bei Beachtung der Hypothesen von Anochin sind diese Strukturen wahrscheinlich an differenzierten Integrationsleistungen beteiligt und haben Anteil an spezifischen Persönlichkeitseigenschaften. Es ist auch nach neurokybernetischen Erkenntnissen von Bedeutung, daß die Redundanz im Bau der Nervennetze ein fundamentales Organisationsprinzip ist. [10] Dadurch werden auch die Nervennetze flexibel und universell, und gestörte Funktionen können kompensiert werden. Die nur beim Menschen deutlich ausgeprägte Hemisphärendominanz dürfte eine Arbeitsteilung beinhalten, weil bestimmte funktionell geprägte Zentren für die Kommunikationsfunktionen den großen Teil einer Hemisphäre beanspruchen.

In der letzten Zeit werden Versuche beschrieben, bei denen Gedächtnisleistungen von Tieren – z. B. von labyrinthtrainierten Ratten – auf andere untrainierte Tiere durch die Injektion von Nukleinsäurepräparaten übertragen werden. Es ergibt sich die Frage, ob ein materielles Substrat zusammen mit ideell Widergespiegeltem auf einen anderen Organismus übertragen werden kann. Es ist bei solchen Versuchen anzunehmen, daß hierbei nicht Gedächtnisinhalte übertragen, sondern nur funktionelle Strukturen (Lernstrukturen) angeregt werden.

4. *Behaviorismus*

Im Gegensatz zu den genannten dialektisch-materialistischen Hypothesen ist der Behaviorismus das Muster eines mechanistischen Determinismus, indem z. B. der klassische Behaviorismus psychische Erscheinungen unmittelbar aus äußeren Einwirkungen ableitet nach der Formel „Reiz – Reaktion". Man bemüht sich, „input" und „output" quantitativ zu erfassen, und betrachtet das aktuelle Gesamtverhalten als Komplex aus einwirkenden Reizen und ablaufenden Reaktionen. Hierbei ist das handelnde Subjekt gewissermaßen ein „schwarzer Kasten", der Begriff des Bewußtseins wird ausgespart. Derart positivistische Ausgangspositionen führen zu pragmatischen Schlußfolgerungen, indem durch ausgewählte Umweltreize ein bestimmtes Verhalten hervorgerufen werden soll. Überträgt man eine derartige Konzeption auf die Gesellschaft, so haben wir auf der einen Seite verabsolutierte soziale Faktoren, „soziale Bekräftigungen", die ohne Beziehung zur Produktionsweise und zur jeweiligen Gesellschaftsordnung stehen, und auf der anderen Seite den durch diese Faktoren manipulierten Menschen. Die Leugnung des Bewußtseinsbegriffs, die Ansicht von seiner Unerkennbarkeit, sein Ersetzen durch das Verhalten, verdrängt die Grundfrage der Philosophie und führt zum Agnostizismus. Der Behaviorismus konnte allerdings nicht bei der klassischen Einstellung bleiben. Er mußte innere Bedingungen in Form der „intervenierenden Variablen" (Bewußtsein, Aufmerksamkeit, Denken, Einsicht, Neigungen, Motive, Gewohnheit, Erwarten der Ziele und Mittel) in sein System einführen, wobei diese Variablen nicht als Prozesse des Zentralen Nervensystems angesehen werden, sondern ein Surrogat innerer Bedingungen darstellen. [5]

Außerdem wurde der Behaviorismus in Form des „sozialen Behaviorismus" [32] verfeinert. Nach Mead bestimmen Sensitivität und Aktivität des Organismus dessen effektive Umwelt ebenso wie die physische Umwelt die Sensitivität des Lebewesens beeinflußt, das Individuum formt die Gesellschaft genauso, wie die Gesellschaft das Individuum formt. Als grundlegender Mechanismus, der den gesellschaftlichen Prozeß antreibt, wird die Geste angesehen. Die Spezialisierung des Menschen in Richtung der Symbolisierung von Erfahrungen, der vokalen Gesten, sei im Endeffekt verantwortlich für die Entwicklung der gegenwärtigen menschlichen Gesellschaft. Geist entsteht aus der Kommunikation durch die Vermittlung von Gesten. Bewußtsein ist einfach die Umwelt des menschlichen Individuums oder der gesellschaftlichen Gruppe, insoweit sie durch dieses Individuum oder diese Gruppe konstituiert wird, von ihnen abhängt oder existentiell auf sie bezogen ist. Jede Umwelt, ob gesellschaftlich oder individuell, werde von der logischen Struktur der entsprechenden Handlung abgesteckt. Bestimmte Objekte existieren für uns auf Grund der Eigenschaften des Organismus, so sei z. B. die Eigenschaft des Grases als Nahrung abhängig vom Auftreten des Rindes. In diesem Sinne sind Organismen für das Auftreten ganzer Gruppen von Objekten verantwortlich, die es vorher nicht gab, der Organismus bestimmt die Umwelt genauso wie die Umwelt die Organe. Das Auge und die damit verbundenen Prozesse geben den Objekten auf die gleiche Weise eine Farbe, wie das Rind dem Gras das Merkmal der Nahrung gibt. Zur Grundlage der menschlichen Gesellschaft meint Mead, daß die fundamentalen biologischen Impulse und Bedürfnisse wie Hunger und Sexualtrieb gesellschaftliche Situationen und Beziehungen voraussetzen und die Grundlage für alle Typen und Formen des gesellschaftlichen Verhaltens bilden. Im Vordergrund stehe der Sexualtrieb, der sich am deutlichsten in der allgemeinen Form der gesellschaftlichen Organisation ausdrücke. Vom Nachbarschaftsgefühl als einer Verallgemeinerung des Elterngefühls hänge alles kooperative gesellschaftliche Verhalten ab. Die ganze menschliche Gesellschaft sei eine Erweiterung und Verzweigung jener einfachen und grundlegenden sozio-physiologischen Beziehungen zwischen ihren einzelnen Mitgliedern. Die Organisation der ihrer selbst bewußten Gemeinschaft hänge davon ab, inwieweit die einzelnen Mitglieder die Haltung der anderen Mitglieder einnehmen und zum „verallgemeinerten Anderen" gelangen.

Die Analyse der Konzeption des Sozialbehaviorismus zeigt, daß die Beziehungen Umwelt – Mensch im Sinne eines idealistischen Relativismus aufgefaßt werden und die Sprachsymbolik eine wesentliche Rolle spielt. Trotz aller Betonung des Sozialen und der Gesellschaft findet über die Hintertür der biologische Determinismus mit seinen Trieben und Instinkten Eingang, indem damit der Aufbau der Gesellschaft begründet wird. In den Fragen des Eigentums und der Gesellschaftsordnung wird offen das kapitalistische System in den USA als Vorbild propagiert.

5. *Der biologische Determinismus und der Freudismus*

Der mechanisch-deterministische und pragmatische Behaviorismus mit seiner Überbetonung der äußeren Bedingungen hat sein Pendant im biologischen Determinismus, bei dem die inneren Strukturen, die inneren Eigenschaften der Persönlichkeit ganz im Vordergrund stehen. Die idealistische Grundhaltung wird von den Vertretern meist offen zum Ausdruck gebracht. Kretschmer [25] schreibt: „Alles Erlebte, was wir nicht als Ich empfinden, nennen wir Außenwelt. Ob es eine Außenwelt außerhalb unseres Erlebens wirklich gibt, wissen wir nicht und können es niemals wissen." Unterschiedlich sind die Instanzen, die das Handeln des Menschen bestimmen sollen: Freuds Triebe, Schultz-Henckes Antriebsstruktur oder V. E. Frankls Urphänomene der Geistigkeit, Freiheit und Verantwortlichkeit. Der biologische Determinismus ist weit verbreitet, er steckt in vielen Lehrmodellen und zeigt sich z. B. auch bei K. Leonhard. [30] Die Gedanken über den Rechtsinstinkt, den Erwerbsinstinkt, die instinktive Freude am Besitz, den Kampfinstinkt mit dem Gefühl des Hasses und die Beziehungssetzung derartiger Instinkte zur Gemeinschaftsbildung, zum Zusammenleben und Zusammenarbeiten der Menschen geben berechtigten Anlaß zur Kritik.

Lassen wir ein Zitat von Sève [43, S. 330] dieser Problematik folgen: „Die Bereicherungssucht, ein außerordentlich wichtiges menschliches ‚Bedürfnis', ... ist keineswegs angeborenes Bedürfnis, sondern ein Struktureffekt, der auf Grund der gesellschaftlichen Verhältnisse in der Produktion und Reproduktion der Aktivität und der Bedürfnisse auftritt. Nicht ein neues, irgendwo hergekommenes Bedürfnis, das ‚Bereicherungsbedürfnis', treibt das Individuum zur Suche nach Geld, sondern das Geld, das heißt ein gesellschaftliches Verhältnis, das der menschlichen Aktivität eine abstrakte, somit eigentlich unbegrenzte, dem Wesen nach nichtpsychische Macht verleiht, ist die Quelle des Bereicherungsbedürfnisses ..." Ebenso kann man den Rechtsinstinkt historisch materialistisch erklären.

Die biologischen Aspekte des Menschseins sind sicher vorhanden, in der phylogenetischen Entwicklung begründet und in den Anlagen gegeben. Aber sie sind zweitrangig und nicht typisch für das menschliche Verhalten. Hollitscher [17, S. 24] bemerkt: „Das höher entwickelte menschenäffische Erbe ist somit in uns allen lebendig – allerdings nicht unmodifiziert-tierisch, sondern auf menschliches Niveau gehoben, seinem neuen und höheren Beziehungsgefüge einverleibt und dessen höheren Funktionen untergeordnet." Der Mensch kann nur so verstanden werden, daß das früher einmal Bestimmende und Vorherrschende in Form der biologischen Dominanz auf einer höheren Stufe der Entwicklung von der gesellschaftlichen Dominanz abgelöst und zweitrangig wird, ohne aber verloren zu gehen. Sève [43, S. 332] schreibt: „Nur der Marxismus gibt dem Menschen seine wahre Dimension und die Perspektiven uneingeschränkter Entfaltung, indem er die biologische Grundlage des Bedürfnisses auf ihre tatsächliche Rolle als genetischer Ausgangspunkt und als Möglichkeitsbedingung reduziert ..." Sève lehnt eine psychobiologische Typologie der menschlichen Individuen prinzipiell ab, da sie keine Grundlage einer Theorie der Persönlichkeit bilden kann. Nach Steußloff und Gniostko [44] kann das Wesen des Menschen rein biologisch nicht verstanden oder erklärt werden. Für das Verhalten des Menschen ist typisch, daß er sich seine eigene Umwelt schafft und sich die natürliche Umwelt unterwirft. Das menschliche Leben unterliegt gesellschaftlichen Gesetzen. Rein biologisch gesehen, erscheint der Mensch mit Mängeln behaftet, doch die übergeordneten gesellschaftlichen Gesetze schaffen eine qualitative Bereicherung, einen psychisch reichen potenten Menschen. Man kann bezüglich des Verhaltens von einer Entbiologisierung des Menschen sprechen. Das Verhalten zeigt in der Phylogenese bei niederen Tieren formstarre Muster, ist bei höheren Säugetieren schon recht plastisch und führt beim Menschen zur gesellschaftlich determinierten Handlungsfreiheit.

Von besonderer Bedeutung ist nach wie vor die Auseinandersetzung mit dem Freudismus. Nach Freud wird das menschliche Verhalten durch angeborene unbewußte psychische Tendenzen (Triebe, Instinkte) determiniert. Die rationale Natur des Menschen wird bestritten. Die Lehre Freuds wird charakterisiert durch die Überbetonung des Unbewußten, die Unterschätzung des Bewußtseins, die metaphysische Personifizierung hypothetischer Psychismen („Ich", „Zensor", „Es", „Über-Ich", „Oedipuskomplex"), ein System von Triebgegensätzen auf der Grundlage des Lust- und Unlustprinzips, einen Pansexualismus mit der Hervorhebung angeborener Phasen der kindlichen Sexualentwicklung und das Herausstellen eines Destruktionstriebes neben dem Sexualtrieb. Die angebliche Dialektik in Freuds Lehre wird oft hervorgehoben. Selbst Marxisten, wie Sève [43, S. 37], betonen den tendenziell dialektischen Beitrag der Psychoanalyse. Kurz zuvor erwähnte er die Pawlowsche Physiologie mit ihren dialektischen Widersprüchen zwischen Erregung und Hemmung, Irradiation und Konzentration, Analyse und Synthese. Man sollte aber bei solchen Vergleichen bedenken, daß wir hier auf der einen Seite, bei Pawlow, nachprüfbare neurophysiologische Tatsachen vorliegen haben, es sich aber bei Freud um eine Dialektik ohne materialistischen Inhalt, um eine Dialektik auf dem Boden spekulativer Konstruktionen handelt. Weiter schreibt Sève (S. 167): „Daß die Psychoanalyse in gewisser Beziehung und unter bestimmten Bedingungen vom historischen Materialismus assimiliert, also kritisch und in bestimmten Grenzen auf der Grundlage seines eigenen Begriffsguts verarbeitet werden kann, ist augenscheinliche Gewißheit, deren Gewinnung schließlich viel Zeit und Mühe von verschiedenen Seiten gekostet hat, die aber namentlich in Frankreich heute schon fast gesichert scheint." Sève kritisiert an der Psychoanalyse vor allem das Fehlen der gesellschaftlichen Arbeit, und darin liege ihr Hauptmangel als Bewerber um den Titel einer allgemeinen Theorie der menschlichen Persönlichkeit. Doch abgesehen von dieser wichtigen Tatsache, daß die Psychoanalyse prinzipiell die Arbeit und die bestimmende Rolle der Produktionsverhältnisse beiseite läßt – wie kann man die Psychoanalyse, die ein spekulatives irrationales Ideengebäude darstellt, dem historischen Materialismus einverleiben? Hier erliegt Sève offenbar der Allmacht der psychoanalytischen Strömung in seiner Heimat. Der historische und dialektische Materialismus kann von Einzelwissenschaften doch nur solche Tatsachen verarbeiten, die sich zu naturwissenschaftlich begründbaren Theorien und Hypothesen fügen.

Nach Reynolds [38] wird unter dem Eindruck neuerer Erkenntnisse – z. B. die Unterstreichung der aktiven Rolle des menschlichen Bewußtseins durch die Experimentalpsychologie – der „Ich-Bereich" aufgewertet, aber das Postulat von der Triebdetermination beibehalten. Nach Anzyferowa und Mansurow [5] suchen die modernen Freudianer eine Topik und vermeinen sie zum Teil in der Formatio reticularis zu finden. Auch der Einbau äußerer Umstände (soziokulturelle Analyse) in das System ändert nichts am Freudschen Modell, sie sind nur Hintergrund und Kulisse für die Dynamik der psychischen Kräfte. Nach Bassin, Roschnow und Roschnowa [7] hat sich die Lehre von Freud aus einer bescheidenen klinischen Hypothese, die vor allem für das Erkennen und die Behandlung der Neurosen gedacht war, in eine weltanschauliche Doktrin gewandelt und wurde zu einem markanten Ausdruck und Instrument der bürgerlichen Ideologie, indem Prozesse der gesellschaftlichen Entwicklung biologisiert werden. Die Neofreudianer und Neopsychoanalytiker haben eine Weltanschauung entwickelt, die das imperialistische System verteidigt und tiefen Einfluß auf Ethik, Ästhetik und Kultur ausübt. Nach Reynolds [38] werden Studentenunruhen psychoanalytisch erklärt. Das Individuum soll die Lösung seiner Probleme in sich selbst suchen. Die Frau wird mit Zügen der Minderwertigkeit ausgestattet, die Negerbewegung freudianisiert (black rage).

Die Anschauungen des Verhaltensforschers K. Lorenz über den Aggressionstrieb bei Tieren und seine Übertragung auf die menschliche Gesellschaft sind in der letzten Zeit analysiert und widerlegt worden. Hollitscher [16, S. 110] schreibt in seiner Auseinandersetzung mit K. Lorenz, A. Mitscherlich und R. Ardrey: „Wer die Kriegs- und Aggressionsprobleme der Gegenwart anthropologisiert, sie allgemein-menschlich statt klassenkampfbedingt sieht, gefährdet jene nicht, die Kriege anzetteln, Aggressionen ausüben und weitere vorbereiten."

Nach Schulze [41] war der Mensch die längste Zeit seiner Existenz ein Jagdwesen, aus zoologischer Sicht ein Raubtier. Es könne also gar nicht wundernehmen, daß auch der heutige zivilisierte Mensch mit Kampf- und Jagdtrieben erblich belastet sei. „Endlose Stammesfehden, Eroberungszüge (Völkerwanderungen!), Kreuzzüge, Entdeckungsfahrten (Wikinger!) bis herauf zu den gewaltigen machtpolitischen Spannungen der Gegenwart bezeugen den endogenen Kampf- und Jagdtrieb zur Genüge" (S. 17). Man fragt sich, ist es Absicht oder Unkenntnis, daß hier die materialistische Geschichtsauffassung völlig unbeachtet bleibt? Die Schlußfolgerungen von

Schulze bestehen dann darin, daß die Schonhaltung der heutigen Zeit zu Neurosen führe und die Patienten zum aktiven Kämpfen geweckt werden müssen, z. B. in sportlichen Belastungssituationen.

Doch es tauchen auch andere pseudowissenschaftliche Ansichten auf, wobei psychiatrische Fachausdrücke auf gesellschaftliche Prozesse angewandt werden. So schreibt Pinderhughes [37], daß die Beziehung zwischen einer überlegenen und einer schwächeren Gruppe, z. B. zwischen Weißen und Schwarzen in den USA, regelhaft durch die Gesetze einer Gruppenparanoia bestimmt würden. Von den Versuchen, die Realität nach eigenen paranoiden Überzeugungen zu korrigieren, zeugten die 480000 Menschen, die zwischen 1946 und 1968 in kriegerischen Konflikten zwischen Volksgruppen getötet wurden. Es müsse deshalb eine Ausrichtung auf übergeordnete gemeinsame Gruppenziele erfolgen. Derartige Ansichten zeigen die enge Beziehung zur imperialistischen Ideologie, indem hier ganz offensichtlich der Freiheitskampf zahlreicher unterdrückter Völker verhöhnt wird.

6. *Bewußtsein und Unbewußtsein*

Die Betrachtung des Bewußtseinsbegriffs erfordert eine Unterscheidung und zugleich Beziehungssetzung der gnoseologischen, psychologischen und neurophysiologischen Bedeutung, wobei der gnoseologische Aspekt die höchste Begriffsebene darstellt. Erkenntnistheoretisch ist Bewußtsein die spezifische menschliche ideelle Widerspiegelung der objektiven Realität, das heißt, das Bewußtsein wird durch die materielle Welt determiniert und ist eine Eigenschaft der Materie. Materie und Bewußtsein sind erkenntnistheoretisch allgemeinste umfassendste Begriffe; es existiert ein materielles und ein ideelles Sein.

Für das Bewußtsein ist das Gehirn die morphologische Basis; die physiologische Grundlage sind die Gesetze der höheren Nerventätigkeit. Unter diesem Aspekt beinhaltet Bewußtsein die gesamte psychische Tätigkeit des Menschen. Nach Rubinstein [39] beginnt das eigentliche Bewußtsein im Unterschied zum Psychischen schlechthin mit dem Auftreten des Abbildes eines Gegenstandes oder Objektes in der speziellen gnoseologischen Bedeutung dieses Terminus. Das Bewußtsein eines Dinges oder einer Erscheinung hängt mit dem Übergang von jener Empfindung, die nur als Signal für eine Handlung oder Reaktion dient, zur Empfindung und Wahrnehmung als Abbild des Gegenstandes oder der Erscheinung zusammen. Bewußtsein als höchste Entwicklungsstufe der psychischen Tätigkeit entsteht erst unter dem Antrieb der gesellschaftlichen Arbeit zusammen mit der Sprache und hat so von Anbeginn an gesellschaftlichen Charakter. Bewußtsein und Bewußtwerden der objektiven Realität. Das Bewußtwerden eines inneren Erlebnisses setzt immer eine Beziehungssetzung zur äußeren objektiven Welt voraus und beinhaltet damit auch eine gesellschaftliche Bedingtheit. Nach Kreiser [26] ist das Bewußtsein in erster Linie soziales Produkt und Voraussetzung der gesellschaftlichen Praxis. Bewußtsein ist spezifische menschliche Erkenntnis im rationalen und emotionalen Bereich und Träger der Kontinuität von Vergangenheit (Erfahrung, Historie), Gegenwart (aktuelles Handeln und Erkennen) und Zukunft (zukünftiges Handeln, Planung). Durch das Bewußtsein erlebt der Mensch seine eigene Existenz, seine Individualität, seine Eigenständigkeit und Spezifität in der Natur, zum anderen kann er aber gerade dadurch die Grenzen seiner eigenen einzelnen Existenz überschreiten, hebt sich die Abgrenzung in der vielfältigen Bindung zum Anderen auf höherer Ebene auf. Nach Hollitscher [17] unterscheiden wir ein gesellschaftliches und individuelles Bewußtsein. „Das gesellschaftliche Bewußtsein ist das allen Bewußtseinsleistungen einer der erwähnten Mengen von Menschen Gemeinsame, das den Individuen einer solchen Menge Allgemeine" (S. 150). Dagegen weist das „individuelle Bewußtsein" durch die besonderen Umstände des Lebens bedingte Besonderheiten auf. Hollitscher bemerkt dazu, daß bürgerliche Ideologen dazu tendieren, das individuelle Bewußtsein zu isolieren, das Individuum als selbstherrlich zu deuten oder es als total vereinsamt aufzufassen.

Neurophysiologisch ist das Bewußtsein in folgenden Teilaspekten erkennbar: Zustand der Wahrheit (Vigilanz – unspezifisches aufsteigendes retikuläres System), Motivation (Gerichtetsein – Hypothalamus, limbisches System), Integrationsapparat der Analysatoren (Großhirn) und Einfluß biologischer Rhythmen (Zeitfunktion).

Nach Ey [13] ist das Bewußtsein weder völlig objektiv noch ausschließlich subjektiv, die bilaterale subjektiv-objektive Wirklichkeit mache die ontologische Struktur des Bewußtseinsphänomens aus. Hier werden also die Beziehungen zwischen objektiver Realität und Bewußtsein dualistisch interpretiert. Philosophisch ist Ey der Husserlschen Phänomenologie verhaftet. Husserl löst das Bewußtsein von der natürlichen Welt und gelangt zum sogenannten „reinen Bewußtsein". Die Strukturen des reinen Bewußtseins sind die Entsprechungen zwischen der geschauten Gegenständlichkeit als solcher (Noema, Objektseite des Bewußtseins) und der vom Bewußtsein selbst geleisteten Anschauung (Noesis, Subjektseite). Der individualistisch-anthropologische Aspekt zeigt sich in solchen Gedankengängen, daß das Bewußtsein sich als Rückentwurf des Ich auf die Aktualität seines Erlebens strukturiere. Die ontische Bestimmung des Bewußtseins erfolge als eine Möglichkeit des Individuums, ein „Weltbild" anzueignen, in welchem sich die Erlebnisse verflechten und dessen sich die Person zugleich bedient, die Verfügung über ein personalstrukturiertes mundanes Modell. Ey spricht vom Bewußtseinsfeld, in welchem das Subjekt seine aktuelle Erlebniswelt ordnet und verarbeitet. Kennzeichnend für die Bewußtseinsbetrachtungen von Ey ist eine idealistische Konzeption, die sich aus der These von der Verabsolutierung der bilateralen Subjekt-Objektstruktur des Bewußtseins ohne Beachtung der Kausalität ergibt. Es zeigt sich auch, daß eine Aussparung des wesentlichen gesellschaftlichen Aspektes des Bewußtseinsbegriffs, die Vernachlässigung der gesamten sozialen zwischenmenschlichen Sphäre und die reine Bezogenheit auf das Individuum unfruchtbar sind. Diese Grundtendenzen führen auch im neurobiologischen Bereich zu Bergson verhafteten Ansichten, wonach das Gehirn ein Organ der Indeterminiertheit ist und in jedem Zeitmoment eine eigene Welt schafft. Das Reflexschema wird abgelehnt, und die Suprematie der Hirnrinde wird durch eine solche der subkortikalen Funktionen abgelöst. Intuitiv-affektive Dynamismen werden als Fundamente des Verhaltens, des Lernens und der Konditionierung angesehen.

Nach Bassin [6] muß das Problem des Unbewußten wissenschaftlich untersucht werden und bedarf keiner Ersatzerklärungen wie „Verständnis", „Einfühlung" und keiner existentialistischen Deutung. Am Anfang steht wieder der philosophische Ausgangspunkt: das Unbewußte (unbewußtes Sein) als eine besondere Form der Widerspiegelung der objektiven Realität, die dem Subjekt nicht bewußt ist oder bewußt war. Stets stellt das Bewußtsein aber den Oberbegriff dar, denn nur mit dem Bewußtsein und im Bewußtsein können wir Unbewußtes erfassen.

Das Unbewußte steht auch in Beziehung zu unseren erkenntnis-theoretischen Fähigkeiten. Nicht erkannte Gesetzmäßigkeiten im sozialen Feld, Spannungen in einer Gruppenstruktur oder ein Konflikt wirken teilweise unbewußt, die Außenwelt wird zwar widergespiegelt, die Prozesse werden erlebt, sind aber nicht bewußt. Das aufklärende Gespräch des Arztes erhellt oft schlagartig die Szene, die Umweltkonstellation wird bewußt und der Störfaktor erkannt. Das Unbewußte hat auch seinen Anteil am Verhalten der Menschen, da Wertungen, Motivationen und das anerzogene Bild von der Welt nicht immer bewußt sind, aber doch Handlungen steuern können.

Klumbies [24] legt dar, daß das Wort „unbewußt" oft inflatorisch angewandt wird, so für unterbewußte, nicht im Zentrum der Aufmerksamkeit stehende Vorgänge, wie Erinnerungen, Vergessenes und gewohnheitsmäßig Eingeschliffenes. Man wird sich also fragen, ob die unwillkürlichen automatischen Handlungen und intellektuelle automatische Operationen, die unter die Schwelle des Bewußtseins gelangen, dem Unbewußten zugerechnet werden können.

Die noch am Anfang stehende wissenschaftliche Erforschung des Unbewußten und die vom Freudismus ausgehende Ausweitung des Begriffs bilden einen günstigen Boden für idealistische Ansichten. Nach Seifert [42], einem Vertreter des subjektiven Idealismus, stellt das Äquivalent der sogenannten fundamentalen Doppelgleisigkeit des menschlichen Seins in Form von logos und bios das Verhältnis von Bewußtsein und Unbewußtem dar. Das Unbewußte gilt als Mutterboden der anonymen Mächte des Seelengrundes in ihrem naturhaften Walten. Doch der Dualismus ist nur vorgetäuscht, in Wirklichkeit wird das Unbewußte zum ersten psychischen Prinzip erhoben, und man spricht von der heimlichen Herrschaft des Unbewußten.

Schlußbemerkungen

Die Ausführungen zeigen, daß in der Psychiatrie ohne die Anwendung der marxistisch-leninistischen Weltanschauung und ohne die ständige Beachtung der materialistischen Dialektik Irrwege in der Hypothesen- und Theorienbildung unvermeidlich sind. Lenin weist in der Arbeit „Über die Bedeutung des streitbaren Materialismus" [29] auf die Modeschwankungen zum Idealismus und Skeptizismus hin. Die allgemeine Krise des Kapitalismus verstärkt diese Tendenzen derart, daß es auch bei vielen Psychiatern in den kapitalistischen Ländern zu einem Vorherrschen idealistischer, agnostizistischer und skeptizistischer Ansichten kommt, die den wissenschaftlichen Kern mancher Erkenntnisse überdecken.

Die Erforschung psychologischer, psychopathologischer und neurologischer Erscheinungen erfolgt im zellulären und subzellulären Bereich (Mikroneurophysiologie, Biochemie, Neurochemie, Neuropsychopharmakologie) und auf der Ebene von neuronalen Zellsystemen (Neurophysiologie, Neuroanatomie, Neuropathologie, Neurohistologie). Die Stufe der psychologischen Forschung (Psychologie, Sozialpsychiatrie) beinhaltet im wesentlichen gesellschaftswissenschaftliche Aspekte. Wir stehen zwar noch vor vielen ungelösten Problemen, doch zeichnet sich eine durch die Gesetze der Natur- und Gesellschaftswissenschaft kausal begründete Psychiatrie ab.

Literatur

[1] E. Albrecht, Der hemmende Einfluß des Idealismus auf die Begriffs- und Theorienbildung in der Medizin, WZ. Ernst-Moritz-Arndt-Universität Greifswald, XIII, 1964, S. 119

[2] E. Albrecht, Über das Verhältnis von marxistisch-leninistischer Philosophie und Kybernetik, Dtsch. Zschr. f. Phil., 20, 1972, S. 1388

[3] K. Albrecht, Über die naturwissenschaftliche Bestätigung der These Lenins von der Verwandlung der Energie des äußeren Reizes in eine Bewußtseinstatsache, Unveröffentlichtes Manuskript, 1972

[4] P. K. Anochin, Das funktionelle System als Grundlage der physiologischen Architektur des Verhaltensaktes, Jena 1967
[5] L. J. Anzyferowa, N. S. Mansurow, Behaviorismus, Gestaltpsychologie, Tiefenpsychologie, Berlin 1969
[6] F. W. Bassin, Das Problem des „Unbewußten" unter dem Gesichtspunkt der modernen Vorstellungen von der Organisation der Hirntätigkeit, in: Bewußtsein und Unbewußtes, hrsg. von D. Müller-Hegemann, Leipzig 1970
[7] F. W. Bassin, W. Roschnow, M. Roschnowa, Freudismus: Pseudowissenschaftliche Behandlung psychischer Erscheinungen, Kommunist, 2, 1972, S. 95
[8] L. Binswanger, Drei Formen mißglückten Daseins, Tübingen 1956
[9] S. Biran, Die philosophische Position der Psychologie und Psychiatrie, Confin. psychiat., 14, 1971, S. 233
[10] S. N. Braines, W. B. Swetschinski, Probleme der Neurokybernetik und Neurobionik, Jena 1970
[11] Marx/Engels, Werke, Bd. 20, Berlin 1962, S. 513
[12] Ebenda, S. 444—455
[13] H. Ey, Das Bewußtsein, Berlin 1967
[14] E. Guensberger, Die bedingten Reflexe in der Verhaltensforschung, in: Beiträge zur Verhaltensforschung, hrsg. von R. Bilz, N. Petrilowitsch, Akt. Fragen Psychiat. Neurol., 11, 38 Karger, Basel 1971
[15] W. Gutjahr, Die Messung psychischer Eigenschaften, Berlin 1971
[16] W. Hollitscher, Aggression im Menschenbild. Marx, Freud, Lorenz, Frankfurt (Main) 1972
[17] W. Hollitscher, Der Mensch im Weltbild der Wissenschaft, Wien 1969
[18] R. Janzen, Die letzten 100 Jahre Lokalisationsforschung an der Großhirnrinde, Z. Neurol., 202, 1972, S. 75
[19] R. Jung, Neurophysiologie und Psychiatrie, in: Psychiatrie der Gegenwart, Bd. I/1 A, hrsg. von Gruhle, H. W., R. Jung, W. Mayer-Gross, M. Müller, Berlin/Heidelberg/New York 1967
[20] K. P. Kisker, Kernschizophrenie und Egopathie, Nervenarzt, 35, 1964, S. 286
[21] T. O. Kleine, Biochemie des Gedächtnisses, Nervenarzt, 42, 1971, S. 185
[22] E. Kluge, Das Problem d. chron. Schädigung durch Extrembelastungen i. d. heutigen Psychiatrie, Fortschr. Neurol. Psychiat., 40, 1972, S. 1
[23] E. Kluge, Psychiatrie und Naturwissenschaft, Fortschr. Neurol. Psychiat., 40, 1972, S. 397
[24] G. Klumbies, Das Unbewußte in der Pathogenese unseres internistisch-psychotherapeutischen Krankengutes, in: Bewußtsein und Unbewußtes, hrsg. von D. Müller-Hegemann, Leipzig 1970
[25] E. Kretschmer, Medizinische Psychologie, Stuttgart 1956, S. 5

[26] L. Kreiser, Bewußtsein und Erkennen. Die Struktur des kognitiven Verhältnisses d. Menschen zur Umwelt, in: Beiträge zu einer allgem. Theorie d. Psychiat., hrsg. von L. Pickenhain u. A. Thom, Jena 1968
[27] R. Kuhn, Daseinsanalyse und Psychiatrie, in: Psychiatrie d. Gegenwart, Bd. I/2, hrsg. von Gruhle, H. W., R. Jung, W. Mayer-Gross, M. Müller, Berlin/Göttingen/Heidelberg 1963
[28] W. I. Lenin, Werke, Bd. 14, Berlin 1962, S. 83
[29] W. I. Lenin, Werke, Bd. 33, Berlin 1962, S. 213
[30] K. Leonhard, Biologische Psychologie, Leipzig 1962
[31] Marx/Engels, Werke, Bd. 3, Berlin 1958, S. 6
[32] G. H. Mead, Geist, Identität und Gesellschaft aus der Sicht des Sozialbehaviorismus, Frankfurt (Main) 1968
[33] W. Meischner, Funktion und Struktur emotionaler Reaktionen bei höheren Wirbeltieren, WZ. Karl-Marx-Universität Leipzig, Math. Naturwiss. Reihe, 19, 1970, S. 339
[34] M. Natanson, Philosophische Grundfragen der Psychiatrie I. Philosophie und Psychiatrie, in: Psychiatrie der Gegenwart, Bd. I/2, hrsg. von Gruhle, H. W., R. Jung, W. Mayer-Gross, M. Müller, Berlin/Göttingen/Heidelberg 1963
[35] I. P. Pawlow, Ausgewählte Werke, Berlin 1953
[36] L. Pickenhain, Methodologische Probleme der Untersuchung biologischer Faktoren bei psychiatrischen Erkrankungen, in: Beiträge zu einer allgem. Theorie d. Psychiatrie, hrsg. von L. Pickenhain u. A. Thom, Jena 1968
[37] C. A. Pinderhughes, Amer. J. Psychother., 24, 1970, S. 597, ref. Zbl. Neurol., 202, 1972, S. 180
[38] J. Reynolds, Freudianismus u. Neofreudianismus, Probleme d. Friedens und d. Sozialismus, 14, 1971, S. 156
[39] S. L. Rubinstein, Sein und Bewußtsein, Berlin 1970
[40] S. L. Rubinstein, Prinzipien und Wege d. Entwicklung d. Psychologie, Berlin 1963
[41] H. Schulze, Der progressiv domestizierte Mensch u. seine Neurosen, München 1964
[42] F. Seifert, Seele und Bewußtsein, München/Basel 1962
[43] L. Sève, Marxismus und Theorie der Persönlichkeit, Berlin 1972
[44] H. Steußloff u. E. Gniostko, Marxistisches Menschenbild und Medizin, hrsg. Karl-Marx-Universität, Leipzig 1968
[45] V. v. Weizsäcker, Pathosophie, Göttingen 1956
[46] J. Zutt, Über verstehende Anthropologie, in: Psychiatrie d. Gegenwart, Bd. I/2, hrsg. von Gruhle, H. W., R. Jung, W. Mayer-Gross, M. Müller, Berlin/Göttingen/Heidelberg 1963

Namenverzeichnis

Zur Kritik der bürgerlichen Ideologie

HERAUSGEGEBEN VON MANFRED BUHR

unter Mitwirkung von

GUY BESSE (Paris) · ANDRÁS GEDŐ (Budapest)
M. T. JOWTSCHUK (Moskau) · TODOR PAWLOW (Sofia)
VLADIMIR RUML (Prag)
ROBERT STEIGERWALD (Frankfurt/Main)

1. ILEANA BAUER/ANITA LIEPERT
Sirenengesang eines Renegaten oder Die „große Wende" Roger Garaudys

2. ALEXANDER ABUSCH
Tradition und Gegenwart des sozialistischen Humanismus

3. WALTER JOPKE
Ideologischer Klassenkampf und sozialistisches Bewußtsein

4. N. MOTROSCHILOWA/J. SAMOSCHKIN
Marcuses Utopie der Antigesellschaft

5. GERTRAUD KORF
Ausbruch aus dem „Gehäuse der Hörigkeit"?
Kritik der Kulturtheorien Max Webers und Herbert Marcuses

6. JURI DAWYDOW
Die sich selbst negierende Dialektik
Kritik der Musiktheorie Theodor Adornos

7. JOACHIM STREISAND
Kritische Studien zum Erbe der deutschen Klassik
Fichte — W. v. Humboldt — Hegel

8. ANDRÁS GEDŐ
Der entfremdete Marx
Zur existentialistisch-„humanistischen" Marxismus-Deutung

9. GEORG MENDE
Philosophie und Ideologie
Marxistisch-leninistische Polemik in philosophiehistorischer Bewährungsprobe

10. WILHELM RAIMUND BEYER
Die Sünden der Frankfurter Schule
Ein Beitrag zur Kritik der „Kritischen Theorie"

11. HARALD WESSEL
Philosophie des Stückwerks
Eine Auseinandersetzung mit dem neupositivistischen „kritischen Rationalismus"

12. ANDRÁS GEDÖ/MANFRED BUHR/VLADIMIR RUML
Die philosophische Aktualität des Leninismus/
Zur Aktualität der Leninschen Positivismus-Kritik/
Positivistische „Philosophie der Wissenschaft" im Lichte der Wissenschaft

13. WILHELM GIRNUS
Von der unbefleckten Empfängnis des Ästhetischen
Zur „Ästhetik" von Georg Lukács/Zweitausend Jahre Verfälschung der aristotelischen „Poetik"/Kunst und Geschichte

14. HERMANN KLENNER
Rechtsleere
Verurteilung der Reinen Rechtslehre

15. ROBERT STEIGERWALD
Marxistische Klassenanalyse oder spätbürgerliche Mythen
Lenin-Verfälschung in der BRD/„Links"-revisionistische Sozialismus-Kritik/Bürgerliche Ideologie in linker Verkleidung/Antikommunismus — seine Grundmythen und Grundmechanismen

16. GÜNTER WETTSTÄDT
„Industriegesellschaft" – „Ostpädagogik" – Antikommunismus

17. ROLF BAUERMANN/HANS-JOCHEN RÖTSCHER
Dialektik der Anpassung
Die Aussöhnung der „Kritischen Theorie" mit den imperialistischen Herrschaftsverhältnissen

18. WALTER HOLLITSCHER
„Kain“ oder Prometheus?
Zur Kritik des zeitgenössischen Biologismus

19. ERHARD ALBRECHT
Bestimmt die Sprache unser Weltbild?
Zur Kritik der gegenwärtigen bürgerlichen Sprachphilosophie

20. HERBERT MEISSNER
Theorie des Wirtschaftswachstums
Hoffnung und Dilemma der bürgerlichen Ökonomie

21. PETER REICHEL
Verabsolutierte Negation
Zu Adornos Theorie von den Triebkräften der gesellschaftlichen Entwicklung

22. LADISLAV HRZAL
Die Auseinandersetzung mit dem Revisionismus und dem Antikommunismus
während der krisenhaften Entwicklung in der ČSSR 1968/69

23. BERND P. LÖWE
Klassenkampf oder sozialer Konflikt?
Zu den Gleichgewichts- und Konflikttheorien der bürgerlichen politischen Soziologie

24. PANAJOT GINDEV
Die Diktatur des Proletariats und ihre „Kritiker“

25. HERMANN LEY
Über die Schwierigkeiten des Einzelwissenschaftlers
Des Biologen Jacques Monod Kritik am historischen Materialismus und der Zwang zur Philosophie in den Naturwissenschaften

26. HUBERT HORSTMANN
Der Physikalismus als Modellfall positivistischer Denkweise

27. GEORG KLAUS

Kybernetik – eine neue Universalphilosophie der Gesellschaft?

28. HANS SCHULZE

Sozialdemokratismus zwischen Entideologisierung und Reideologisierung

29. ROLAND MEISTER

Ideen vom Weltstaat und der Weltgemeinschaft im Wandel imperialistischer Herrschaftsstrategien

30. G. BESSE/PH. CAZELLE/P. JAEGLÉ/J. METZGER/J. MILHAU/J. NINIO/P. ROUBAUD

Kritische Betrachtungen zu Jacques Monods „Zufall und Notwendigkeit"

31. JÜRGEN KUCZYNSKI

Das Gleichgewicht der Null

Zu den Theorien des Null-Wachstums

32. ROBERT STEIGERWALD

Marxismus – Religion – Gegenwart

34. BRUNO FLIERL

Industriegesellschaftstheorie im Städtebau

35. ELMAR JULIER

Weder modern noch marxistisch

Zur Marx-Interpretation des heutigen Revisionismus

36. GALINA BELKINA

Marxismus oder Marxologie

Zur Kritik westdeutscher marxologischer Konzeptionen zur Herausbildung der marxistischen Philosophie

37. GÜNTER WETTSTÄDT

Ideologie im Zwielicht

Zum Einfluß bürgerlicher Technikphilosophie auf die imperialistische Bildungsideologie

38. WOLFGANG RICHTER

Der Mythos vom Subjekt

Materialismus und Dialektik im Zerrspiegel der gegenwärtigen bürgerlichen Philosophie

39. ERICH HAHN

Materialistische Dialektik und Klassenbewußtsein

40. KARL-HEINZ RÖDER/WOLFGANG WEICHELT

Das Dilemma des Antikommunismus in der Staatsfrage

Erschienen im Akademie-Verlag, 108 Berlin,
Leipziger Str. 3–4

Lizenznummer: 202 · 100/19/74
Gesamtherstellung: IV/2/14 VEB Druckerei
»Gottfried Wilhelm Leibniz«, 445 Gräfenhainichen/DDR · 4240
Umschlaggestaltung: Willi Bellert
Bestellnummer: 752 523 4 (2149/33) · LSV 0165
Printed in GDR
EVP 6,00

Bei Fragen zur Produktsicherheit wenden Sie sich bitte an:
If you have any questions regarding product safety,
please contact:

Walter de Gruyter GmbH
Genthiner Straße 13
10785 Berlin
productsafety@degruyterbrill.com